为 人 生 提 供 领 跑 世 界 的 力 量

BLACK SWAN

重构

年轻人的精进指南

村西边老王 著

中国友谊出版公司

C o n t e n t s

目　录

01

我和环境是什么关系

不同城市的职场生态

虽然一个生活在沿海城市的年轻人和一个生活在边远山区的年轻人都处于同一国度，但这并不代表他们的一生中所能够获得的财富机会和职业发展机会是一样的，甚至他们面对的生活状态和面临的情感环境，都因他们所处的地域不同而有质的不同。

产业生态导致的职场机会

在中国，地区发展不平衡的首要表现就是产业分布不平衡，这直接导致了不同地区的人所面临的就业机会是完全不同的，他们的人生境遇和职场机遇，也将因此不同。通过图1-1我们可以看到，各省市在沪深两市的上市公司数量有着巨大的悬殊。

当我们把数据从省份再聚焦到城市，就会发现产业分布不平衡变得更加明显。北京、上海和深圳这三个城市在沪深两市中的上市公司数量遥遥领先，上市公司市值占据了A股总市值的51%。

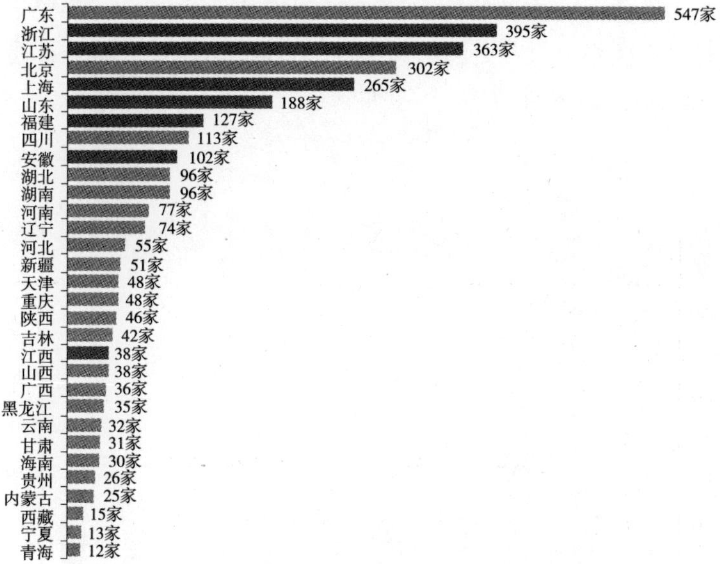

图1-1 各省市的中国沪深两市上市公司数量

数据来源：东方财富Choice数据，截至2017年。

经常会听人说“越小的地方越靠关系”，按照产业分布的原理，这句话几乎是对的。因为越小的城市、越偏远的地区，其支柱产业越少，经济资源越少，商品贸易和市场经济越不发达，那么靠市场空间赚钱的可能性就越低，难度也越大。所以，基本上在中小城市的赚钱生态相对大城市来说会更加残酷，因为资源太少，个人能力就显得无足轻重，资源会向权力集中。

我在上大学的时候，经常听同学和朋友说，一线城市是“有关系的人”去的。其实他们完全说反了，小地方才是“有关系的人”去的。

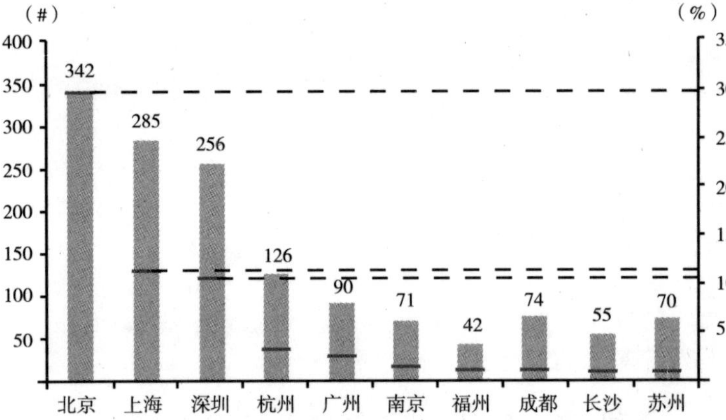

图 1–2　A 股上市公司的数量及其在中国十大城市的总值

数据来源：财富号网站。左侧纵坐标体现的是不同城市上市公司的数量。而右侧纵坐标体现的是对应城市上市公司占中国上市公司市值的比例。

在三、四线城市，甚至更低等级的城镇，由于人口较少且分散，商业效率低下，本地产业很难发展为大型民营企业，而外来企业一般也是以制造业和销售业为主。在旅游区可能投资更多的是酒店、景区和房地产，适合招聘大量服务业从业者，那么其他专业的人才呢？总不可能读了国际注册会计师去做酒店服务员，读了法律硕士去工厂里做质检吧？

当然，在三、四线城市，也不是说没有本地大型企业，只是在相当多的地区，这种大型企业可能更多的是依托当地土地、矿产、能源等资源所建立起来的国有或私营企业，或依附于政治资源所成立的企事业单位，比如城投公司。总之，这类公司的竞争优势体现出强烈的“资源属性”。在三、四线城市，即使可能存在一些大型民营企业，利润高的大都也是和资源有关的生意。比如承包市政的花花草草、节假日的城市装扮，给某大型国企单位印刷物料、广告，给矿业、石油等垄断国企做上下游产业链的配套等，从获得业务到获得贷款支持，甚至到成本控制，如水电费、税费优惠等，都体现出强烈的关系资源属性。一线城市当然也有大量关系生意、审批生意和资源型国企，但这只是一线城市经济组成和行业构成的一部分，因为市场的发达和人口的集中，已经足以支撑大量市场性行业产生出大型的、实力强劲的民营公司。

美的、格力这样的世界500强企业，也都是民营企业，总部基地在珠海、佛山这样的地级市里，但和其他地级市相比，珠海、佛山还是有很大区别的，它们都处于珠三角经济圈，拥有良好的周边市场优势，拥有外贸型海外市场优势，还占据了产业先发优势。

超大型民营经济体，在珠三角和长三角地区的三、四线城市并不少见，但在其他内陆地区就较为少见，并且在我看来这个趋势将是长久的。

互联网产业在不同城市的生态

“互联网填补了信息鸿沟，因此在三、四线城市可以学到在一线城市互联网企业里学到的东西。”时常听到朋友表达出和上面这句话类似的观点，但很遗憾，这是错误的观点。

互联网一直都是全世界、全社会范围内平权化的有力工具，从某种程度上来讲，互联网确实是以填补信息鸿沟为己任的，但互联网不是以让每个人都能成为互联网行业从业者，尤其是一线互联网公司从业者为己任的。事实上，从产业的角度来看，互联网不仅没有填补三、四线城市和一线城市之间的产业鸿沟，甚至一直都是充当着拉大城市之间产业鸿沟的角色。

互联网已经证明了其本身是一个不同以往的、具有诸多全新特性的伟大行业，其中一个重要特性就是，这是一个行业集中度远超于传统行业和线下实体行业的行业，甚至说这是一个“赢者通吃”的行业都不过分。

此特性意味着这个行业的资源是高度集中于几家头部公司的，而这些头部公司，无一例外都在北、上、广、深和杭州，这导致如果身在其他城市，想要进入到一家头部互联网公司学习和工作的概率非常低，即使有幸进入 BAT（百度、阿里巴巴、腾讯）在某些二、三线城市设置的分公司或工作室，你就会发现，它们要么是销售性质的分公司，要么是人数很少的一个小型工作室，完全无法承载一个城市专业人才的工作需求。

身处一个资源高度集中的行业，你只有进入互联网头部公司学习和工作，才能够接触到头部的商业资源、头部的人才配置和头部的商业模式，才能有机会学到领先的东西，有机会做出领先的成绩，甚至当你决定自己创业的时候，也只有拥有头部背景的背书，才能更容易拿到头部的投资资源和创业团队的支持。

而这些资源，由于互联网头部公司高度集中于北、上、广、深和杭州，使得其他城市的人虽然每天都在用互联网，但却只是作为产品的应用者和消费者的身份去使用的，既不是产业的建设者，也很难分享产业的发展红利。从产业的角度来看，其他大多数地方的人，事实上成了“互联网产业无关者”。

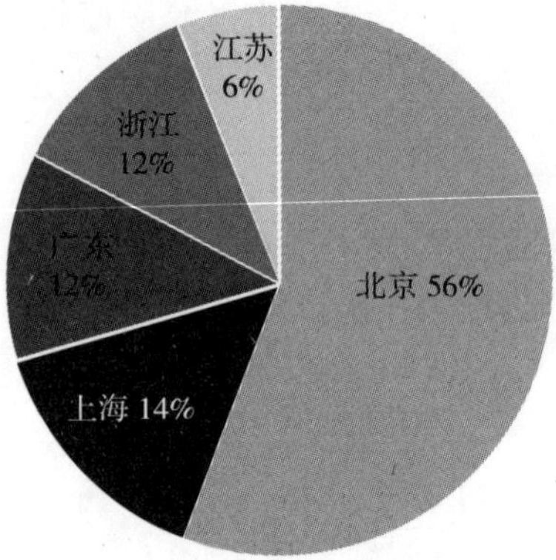

图 1–3　2017 年中国新晋独角兽公司地点分布

数据来源：itjuzi.com，IT 桔子；数据截至 2017 年 12 月 1 日。

不同城市的职场生态

由于产业格局的不同，一线城市的职场生态和二、三、四线城市的职场生态肯定是完全不一样的。

在中国，北、上、广、深四个一线城市承接了绝大部分行业中绝大部分领先公司的总部职能，这包括了绝大部分央企总部、外企中国区总部和绝大部分热门行业的强势民营企业总部。虽然部分二线城市也有部分总部功能，但大都是行业内区域性而不是全国性的公司，或者是全国性公司的区域性总部而不是全国性总部。

总部职能分布的格局，造成了二、三、四线城市的职场生态普遍是分公司职场生态或区域型公司的职场生态，这意味着职场的纵深空间比较小，也就是天花板比较低。毕竟在任何一个行业，当全国性大企业 CEO 的难度肯定远高于当一个区域型小公司的老板或分公司总经理。

这种总部职能的格局和职场纵深空间的区别，直接决定了工作本身的纵深度和你在职场上的价值。比如同样是做营销，在同一家公司，总部的营销人员会从更高的视角审视和把控集团整体的营销费用及创意思路，分公司的人则往往是以总部意志的承接者和落地者的身份来参与工作的，而做决策的人和执行决策的人在职场上的价值肯定是不同的，这就好比大脑和四肢。

除了总部职能的格局之外，影响一线城市和二、三、四线城市职场生态区别的更深刻的原因，其实是社会原因——陌生人生态和熟人生态之间的区别。

一座城市之所以能成为一线城市，就在于人口的增长方式主要来自外来人口迁入的机械增长。外地人或非户籍人口比例等于甚至超过本地人口，这使得一线城市的整体人际生态和职场生态处于陌生人生态之中，加之不论是城市本身还是在职场中，流动性很大，大家会更关注职业的发展空间和未来的提升，当然也更关注现实的收益，整体风格都会更加透明、务实和高效。

二、三、四线城市则不是这样，虽然个别二线城市的外来人口在加速流入，但还是以熟人生态为主。在这种人情社会中，二、三、四线城市的职场生态，更多的是作为本地人对本地生活的补充，不管是公司还是个人，都少有开疆拓土、引领行业和改变世界等诸如此类颇具鸡血感的上进心态。

当然，无论一线城市和二、三、四线城市的产业格局有什么不同，职场的生态有什么不同，或者互联网行业生态有什么不同，聚焦到个人的话，我并不建议人们都从二、三、四线城市拥到一线城市去，我也不认为每个去一线城市的人都会获得预期的收益。事实上，个体命运本身是不能用概率论的思维模式去判断的，即使是百分之一的概率，聚焦到一个个体的身上，对这个人来说都是百分之百的命运。

但一个人确实应该根据自己的家庭背景、个人能力、个人性格和职业的发展目标，并同时对产业格局和城市优势综合考虑，匹配自己的选择。

不同人群的时空区隔

身份的焦虑感

前段时间，针对“如果清华的学生都买不起学区房了，那么，学区房是否还值这么多钱？”这个话题引发了网友们的广泛讨论，虽然这个话题有开玩笑的成分，但也引出另一个问题：有钱人买学区房真的是为了让孩子考清华吗？

答案显然是否定的，或许这是原因之一，但是还有更深刻的心理因素和社会因素在推动着这些超额的消费场景，这就需要我们从经济学的角度去看待这类问题，因为经济学对于理解人类行为的动力和模式提供了很好的解释框架和动因分析。

之所以会存在不同档次的消费场景，其中最重要的一个原因就是人们本身就处于不同的收入水平上，收入高的人群不想和收入低的人群处在同一水平线上，同时人们又希望其他和自己收入水平相当的人能一眼辨识出自己，这样既能产生身份上的心理认同，又可以降低互信成本，以期快速获取友谊、情报和同等水平的互惠互利。这种心理状态既简单又深刻，为我们解释很多现象提供了模型。

在教育行业有一个很显著的特点，就是永远把生源质量排在第一位。因为生源质量好，教学成绩就会好，学生未来的成就就会更高，所以，全世界无论中学还是大学，都在争夺优质生源。而优质生源主要分为几方面，比如理工科里学习顶尖的学生，比如各国政商领袖的子女，比如体育、文艺明星……总之，是各个领域的佼佼者。显然，学区房筛选出来的不一定是优质的生源，而是家庭条件更好的生源。而且中国有那么多学区房，不可能每个孩子都考上清华，甚至不能保证每一个孩子都考上重点学校。所以很明显，学区房的溢价，是有钱的父母为了让子女能和更多优秀的孩子一起上学，从而拥有一个好的学习环境而付出的溢价。

另外，买学区房本身也是一种投资。教育，尤其是好的教育资源，在中国一直都被视为一种刚性高端消费，无论是为了学习环境的溢价，还是为了可能存在的更好的投资机会，都支撑了“学区房”这一概念，而当这个概念被支撑起来的时候，它本身也就成为一种身份的标签。这种标签对于一个家庭来说，是富足的标志，是关心孩子学习和成长的标志；而对于一个未婚单身青年来说，则是收入和未来财富的极好背书，可以让其在婚恋市场中获得更大的“议价权”。

为了让自己的孩子与优秀的孩子在一起学习和生活，为了获得可能存在的潜在的投资机会，为了获得个人财富的身份标签，这些都成为购买学区房的理由，同时也都指向了身份焦虑——对子女未来的焦虑，对自身财富的焦虑，对自己社会身份的焦虑。而这种身份焦虑的认同感，最终却都是以一种奇怪的方式呈现的——人们迫不及待地想向更上层靠拢，也更加迫不及待地想宣示自己已经脱离并远离了之前的阶层。

人群的时空区隔

如果你不是富豪，而且不是身处在专门为高净值人群服务的行业里，如知名医生、银行 VIP 客户经理等，你可能很难和富豪相识，更不要提深入交往了。

在房地产行业，尤其是别墅、大平层一类的高端物业的销售圈里，有个很出名的词叫“圈层营销”，它大概的意思是，在金字塔形的社会结构下，越往上人越少。而在一个地区范围内，房地产业态高端到一定程度，就很可能意味着潜在的买家互相都认识。

不在一个圈层里，就意味着和这个圈层有区隔，离得越远，区隔越大，这种区隔既是时间上和空间上的物理区隔，更是消费价格的成本区隔。

消费成本的不同，造就了不同人群在时间和空间上的区隔屏障。这种区隔屏障，意味着不同的服务质量、产品质量，意味着不同的安全系数和医疗教育水平……这也就很好地解释了为什么同样生活在一座城市，你很难跨越区隔认识你想认识的那些人。因为走同样的一条路，你坐在公交车里，人家则坐在豪车里；同样去一家饭店吃饭，你坐在大堂里，人家则坐在 VIP 包间里；同样是在一个区居住，你住在城中村里，人家则住在大平层里。

“认识想认识的人”这一终极社交需求是比消费体验成本更高的成本，你可以通过一两次的跨越消费体验到更高的产品质量和服务质量，但次数过少意味着场景社交成功的概率被无限压低，而次数过多，你又无法承担高昂的成本。

由于消费场景的成本无法通过一两次的跨越消费覆盖，

所以考上好大学和进入好公司才会被越来越多的人所关注，因为这不仅意味着自身生存资源得到改善，同时也为自己提供了和不同人群长期生活、接触的机会。

这种生活场景的接触，可以为你提供更长的时间、更高的频率和更容易取得互信的认识场景，让你更有可能认识到你想认识的人。从某种意义上来说，升入好大学，不仅为普通家庭的孩子提供了一个学习知识和技能的场所，也为他们提供了一个可以认识到“贵人”的社交生活场景。

所以，想和任何人建立长久而富有成效的人际关系，不管是想谈什么样的恋爱，想让什么样的老板欣赏自己，想结交什么样的朋友，都是一个挑战，需要彼此欣赏且相互需求，需要机遇和运气。

而阻隔了你想拥有的人脉关系的障碍，正是你和你想结交的人中间的消费成本所带来的时空区隔。不仅如此，彼此生活场景和工作场景的缺失，使得你们难以形成长效的人际关系博弈，也就无法建立起牢靠的感情。

不知道男生有没有这种经验，如果你在网上或相亲时认识一个女生，你非常喜欢她，但是她和你没有共同的工作和生活圈，甚至连共同的朋友都没有，你就会发现你们自认识以后如果不能快速进入恋人关系状态，你们的感情将会非常脆弱。因为缺乏生活和工作场景的支持，既增加了你们互信的成本，还增加了面对面了解和增进感情的成本。但是，如果你们是在学校或公司相识的，物理距离的靠近和职业背景的相同都会降低互信门槛，而且很容易让你们形成长效博弈。

人和环境的关系

人创造环境，也被环境塑造

在生活中，我们会发现，大多数人在顺境的时候容易得意忘形，觉得自己无所不能，而在逆境的时候容易垂头丧气，产生自我否定和怀疑。而当这种逆境长时间得不到扭转时，就容易产生抱怨、抵触、自暴自弃之类的消极情绪。

有的人会说，心态很重要。但是，一个人身处顺境和逆境时，最大的差别是心态吗？或者反过来说，环境本身就在很大程度上影响甚至决定了人的心态，只不过每个人的延迟满足感能力和抗压能力不同，而每次所遇到的顺境和逆境的程度也不同而已。

有一个在“四大行”工作的朋友曾告诉我，一个人不要太相信运气，而要在业务上沉淀，在专业技能上精益求精。我承认他的观点是对的，但是在生活中，很多观点不能简单地用对错来总结。每个人立场不同，出发点不同，利益也不同，所以即使每个人都将逻辑推演得相当严密，看似颇有道理，但因为本身的立场问题，看似有道理的观点仍然矛盾重重。

我朋友的观点没有问题，但是这个观点本身也是环境作用的结果。国有制银行拥有一个相对比较稳定的业务环境，这是由其牌照门槛、规模门槛、资源门槛等共同决定的，是一个拥有非常高壁垒的行业环境。在这样一个业务环境非常稳定的机构工作，业务知识和人际关系的沉淀自然变得重要，因为员工不用担心没业务做，更不用担心机构会倒闭。但是，如果你在一个创业公司工作呢？你自己本身就是创业者呢？你在一个商业壁垒并不高的行业或者公司里工作呢？这时你是否还会不相信运气，觉得运气不重要呢？

“一方水土养一方人。”“靠山吃山，靠水吃水。”这些带着劳动人民朴素生存智慧的俗语体现出了环境对于人的生存和发展的巨大影响。当然，工业时代和市场经济的繁荣，使得一代又一代人得以摆脱地理环境对人的生存的桎梏。

现在的人们选择很多，换行业、换公司等各类职场转型非常普遍，但要想在某个时间段内事业有成，依然需要选择相对稳定的产业和职业环境进行积累，而产业、职业环境和个人总体素质的相互作用，又会反过来作用于人的心态。

形势比人强和人的自由意志

“形势比人强”的道理每个人都懂，但不同的人对于形势的判断是不一样的，而且形势的验证是后置的，需要过几年才能看清结果。

人们的每一次选择都接近独立事件，同时又会对之后的选择形成路径依赖，只有每一次都选对，才能呈现持续的上扬态势。如果一次选错，就很可能回归原点，甚至还不如原点。所以，人的专业技能、行业资源和人脉资源是可以正向积累的，但由于每一次选择都有选错的可能，导致事业的成就反而具有相当强的随机性。

所以，专业能力、智力和思维方式虽然重要，但情绪的稳定性、延迟满足感的能力、能否保持长远的理性状态，以及能否保持长期居安思危的意识和对事物判断的敏感度，对长远发展更具决定意义。

所谓成功，本质就是一场竞争，和别人的竞争，更是和自己的竞争。成功并不取决于把一件事做得多么漂亮，而在于减少长期的判断失误。所以，先稳定，后发展；先减少失误，再寻求创新，等到别人犯错时，你就跑到前面去了。

一个人最痛苦的事情，往往是不确定自己要做什么。有些人虽然在职场上取得了短暂的进步，但由于做的不是自己真正喜欢的事情，很难达到登峰造极的水平，也许到了中年，反而会遇到职业瓶颈和中年危机。而有些人在很小的时候就知道自己将来要做什么，并且行动力很强，不管能不能成功，反正坚持几年甚至十几年的准备都做好了，这种人就容易成功。所以，在一个人成长的过程中，在职业生涯的规划中，可以充满想象力和创新精神，但重要的是学习和坚定对自己的了解，对自己想做的事情的了解。

我们很难预测未来，也很难预料自己的人生和职业规划到底会朝什么方向发展，我们只能尽量让每一个抉择都来自自己心底最真实的声音。做事情的时候好好做，机会来了，该放弃的放弃，该抓住的抓住，该转型的转型，无论未来怎么样，成不成功，都要学着修炼自己的心理素质和控制自己的期望。

在互联网时代，我们可以从各个平台看到不同阶层的人的生活状态，我们的情绪和价值观也很容易受到别人的影响，别人在不同的国家旅居，我们也想一边旅游一边生活；别人住豪宅、开豪车，我们觉得自己还在租房住很可怜……这些美好的事物很容易激发出欲望，却无法让人改变现实的处境，我们只有调整好自己的心态，认真地工作和生活，去抓住那些能够抓住的机遇，才能够拥有美好的生活。

当下的教育，不管是学校还是家庭，往往都是成功式教育，却没有人告诉我们只有耐心地积累和等待，用平常心看待得与失，才能不让我们的心态失衡。即使再好的公司，能走到台前来的人也并不多，能一直顺利晋升的更加不多，而且公司随时会出现业务转型、发展战略改变等变化，而你的核心优势和公司的未来战略并不匹配，所以你也会随时被人替代或从核心岗位调配到边缘岗位。

人的成长过程会有不同的阶段，也会有不同的自由意志。越年轻的时候自由意志越强，越觉得自己能实现自己想实现的东西；越是顺境的时候自由意志越强，越是觉得自己无所不能。而且人在年轻和顺境的时候，很容易为了一个自认为很重要但其实完全是虚无缥缈的目标而放弃现在已经拥有的东西，所以，不要让自己因焦虑而丧失理智，不要沉沦在消极的情绪里。很多时候，不进则退，但更多时候，不失误就是进步，因为别人会失误。

人生的七次机遇

选择比努力更重要

在生活中，有一个“人生的七次机遇”理论，据说来自哈佛大学的一份调研报告，这个理论是对是错并不重要，但支撑起这个理论的一些思想意识还是有道理的，比如人生可能呈现出周期性，呈现出路径依赖的表现，不同的选择之间又有事件相对独立的特性等。

如果一个人 22 岁大学毕业，到 60 岁退休，那么他将有大概 40 年在职场中度过。在这期间，他可以发展自己的兴趣爱好、积累人脉和积蓄财富，而按照“人生的七次机遇”理论，这七次机遇基本上就发生在这 40 年里。需要注意的是，每次机遇相隔的时间并不是平均分配的，每个人遇到的机遇也是不一样的，而且并不是每个人都会明显地获得七次改变人生的机遇。这只是个理论，我们只需要从这个理论中学习和体会一些有用的道理即可。

能够考入大学，肯定是人生中一次选择的机遇，其中包括了大学层次、城市和专业。

学生考取大学层次的高低，在很大程度上决定了毕业后所进公司在行业内的层次。比如同样一个专业，清华的毕业生大都进入到行业内最好的公司，而普通高校的毕业生可能就会进入行业内一般的公司，因为校招时，一家公司在行业内的地位决定它能进哪所大学。

专业在很大程度上决定了毕业后所能从事的职业，比如同样是清华毕业生，学会计的很难成为程序员，但却能够和学计算机的在同一家互联网公司就职，因为互联网公司不仅需要程序员，还需要财务人员。

如果单纯从职业发展的角度来看，和能进什么学校、选择什么专业相比，毕业后选择去的城市则是一个更重要和更大的宏观环境。宏观生态决定微观生态，企图不改善周围宏观大环境，而寄希望于改善微观小环境，所能腾挪的空间是很小的。当然，这只是单纯地从职业发展的角度来看，毕竟评价生活的维度很多，没法要求每个人的价值取向都一样。

对普通人而言，城市、行业、公司和职业的选择，已经决定了大部分人的职业发展路径，并会形成严重的路径依赖，区别就在于所处的平台层次不同。比如同样是做财务，你是做记账的小会计，人家则是做投资、融资的首席财务官；你是三本毕业的，人家则是重点大学毕业的。

但不论最初的选择如何，一个人只要有优点和优势，在以后还是有改进职业发展的机遇的，优点和优势越大，机遇就越大。当然，之前所做的选择的积累越好，以后的路越容易走，工作经验、人脉资源和行业资源的正向积累，都会形成机遇的正向积累。

如果最初没什么积累，在人生任何一个时间点重新开始都不晚，毕竟以后的路还很长，你的任何努力、积累都不会让自己后悔。

人生的七次机遇，每抓住一次，都会使自己的事业层次和收入层次上升一个等级，抓住机遇的完整度越高，会对之后的机遇形成越大的正向积累，就会获得更大的机遇且更有信心完成。

足够小心和足够勇敢

有一句话得到了很多人的认同，那就是“听过很多道理，却依然过不好这一生”，懂得道理是成本最低的成长方式，也是最没有门槛的成长方式。

在生活中，真正的道理都是很简单的，而且是人们熟知的。比如我们都知道要好好学习，这是一个很简单的道理，不管你做什么，基础的文化课知识肯定是有用的，并直接影响你的升学和就业，可就是这样一个人人都知道的道理，不好好学的还是不好好学。再比如人人都想进一家在行业内领先的公司，都知道天上不会掉馅饼，可是好公司就那么多，能进的总是少数，而传销的欺骗性那么明显，还是有那么多人上当。所以，不要奢望也不必懂得太多道理，因为真正重要和影响事情走向的底层道理就那么几个，人和人之间的差距不在于懂得多少道理，而在于对那几个重要而简单的道理的理解程度和实现程度。

有的时候，成功和失败真的离得非常近，甚至可能就是一枚硬币的距离，翻个面，就会从成功变成失败，而想再把面翻过来，就没那么简单了，这就是人生的潜在危机。从成功到失败很容易，从失败到成功需要遇到机遇、把握机遇、坚持不懈、运气够好、有人赏识、有人提拔、平台够好、遇到有潜力的业务等。这一枚硬币的两面，完全是不对称的。

我有几个朋友，之前都在平台非常好的公司工作，类似于 BAT 这种类型的，后来他们却都跳槽到创业公司，准备跳槽时他们也没想太多，只是觉得自己的工作经历不错，从这么大的平台跳槽到创业公司，工资、股权会涨很多，所以才搏一把。

我并不反对从大平台跳槽到创业公司，但是在跳槽前，至少应该对下一个公司有更多的了解再做决定。大公司的业务稳健、财务稳健、商业信誉好，因为是明星公司，各种资源包括媒体的报道都集中在那里，它已经很透明了，所以对人才来说有劳动力市场的信誉。

对于一家公司来说，最重要的问题是信任成本，比如业务有没有前景，融资有没有问题，领导是什么样的人……这也是创业公司招聘难，尤其是招聘经验丰富的行业内高管难的原因，因为那些高管在选择自己的职场之路时都很小心。所以，无论是创业者还是求职者，都需要认清自己的能力，认清自己到底想要什么。

人要能耐得住寂寞，没有耐心的人很难持之以恒，更难等到学有所成和出人头地的那天。除了耐心，人也应该养成做事不后悔的习惯，在做之前想得长远一些，决定做了就干脆一点，不要害怕失败，但要尽量在事前做好充足的准备。

我见过很多人，有的足够小心，却错失机遇；有的足够勇敢，却因为做出盲目的决定而吃亏。有的时候，成败是小事，而做了一件事后不后悔才是大事，很少有人能一帆风顺，却有很多人一直举步维艰。对普通人来说，小心一些，可以稳定一些，可以保本；先稳定再发展，因为拥有的太少，试错成本太高。

很多人在头部公司工作，有一份不错的收入，拥有良好的工作环境，由于各方面资源都是头部的，很容易对自己的能力产生误判，低估外面商业世界的风险和残酷。所以，如果你在一个好公司工作，每做成一件事，先要问自己几个问题：这件事中有多少成分是平台的资源、品牌的溢价和公司支持，有多少是依靠自己的专业能力？如果你的专业能力失去了平台资源的支持，到底还能不能干好？如果把你换到一个生存状态稍恶劣的环境或者让你去创业，你自身的资源和你要做的事情到底匹不匹配？其实不得不承认，大部分人是不适合创业的，毕竟创业要付出的心血与所需要承担的成本和风险，对很多人和家庭来说是承担不了的。

创业也是有区别的，有的门槛高，有的门槛低，门槛低的需要更强的经营能力，门槛高的需要更强的资源能力。在羽翼丰满之前，还是要潜心学习，切忌焦躁。

满足感的提前和延迟

兴趣满足感要提前

“满足感是人类等生命体的需求得到实现时的感受。”这是百度百科对“满足感”这个词下的定义。在我看来，满足感的维度有两个：一是需求的类型，二是需求被满足的程度。这里我们只讨论两件事情的满足感：一是个人兴趣方面的满足感，二是事业上的满足感。

我曾表达过“工作是第一生产力，兴趣是第二生产力”这一观点，即使抛开兴趣能给人带来精神享受，从世俗功利的角度来讲，人们也应该重视自己的兴趣建设，而不仅仅是将兴趣当成一个占用个人时间、精力和金钱的“不务正业”的事情。

在我看来，很多普通人之所以没能在某个领域取得突出的优势，很大一部分原因就在于没有重视和发展自己的兴趣爱好，或者说没找到自己真正感兴趣并且擅长的事情。对于普通人来说，不管是兴趣还是事业，想要获得成就都需要注意以下两点：

第一，构筑在这个领域的壁垒，包括专业技术的壁垒和行业人脉资源的积累，专业技术让你能“干活”，得到同行的认可，行业人脉资源能给你“拉单子”。

第二，在构筑壁垒的过程中要尽量降低构筑成本，尤其是降低你的稀缺成本，这样可以有效降低试错成本，让你在发展兴趣和事业的过程中拥有更强的抗风险能力。对于普通人来说，时间不稀缺，金钱很稀缺，最好的方式就是降低金钱的投入成本，用更长的时间去发展专业技术能力和行业资源能力。

举个例子，如果你喜欢写作或者摄影，但成为职业作家和摄影师需要长时间的专业技术积累，需要行业名气，需要出版人关注，需要甲方对你的技术认可，这些都不是一朝一夕能够积累到的技术和资源。所以，你要是在没有很好的积累的情况下贸然辞职，去专职从事摄影或写作，这对你的个人职业生涯会产生很大风险，可能会让你的收入大幅下降，不仅会降低生活质量，还会降低抗风险能力。

需要注意的是，尽管对于普通人来说，金钱比较稀缺，应该降低金钱投入成本，但如果理解为不投入金钱成本，也是错误的。很多兴趣爱好的发展，都是工具技术型的，比如摄影需要照相机，音乐需要吉他，所以在发展兴趣需要工具这件事上，我始终持有“晚买不如早买”的观点。6 岁就拥有吉他和 30 岁才拥有吉他，30 岁才拥有单反相机和 50 岁才拥有单反相机，它们所产生的价值肯定是不一样的。

出名要趁早，发展自己的兴趣爱好也一样，要趁早发展，对于为了发展自己的兴趣爱好所需要购买的工具也一样，要趁早买。晚买也许会便宜一点，但时间才是最大的成本。

在兴趣爱好的初期，都是技能的培育期，你既无法达到专业的技能水准，也没把行业内的圈子吃透，兴趣爱好也许无法在短时间内给你带来大量的实际收入。但是，有强烈兴趣爱好的人很容易从中获得巨大的精神幸福，而且只要肯钻研、肯坚持，几年后很可能成为这个领域的专家，到那个时候，就不再仅仅是兴趣爱好了。

随着行业的多元化和大众审美的提高，市场为越来越多的“个体”行业提供了肥沃的产业土壤。从最初的手机测评视频，到后来的房地产“大 V”们的集体崛起，到汽车摄影师和测评博主年入百万……由此可见，并不是只有互联网有风口，兴趣爱好同样有风口，前提是你的兴趣爱好是健康的、美好的。但是我不鼓励去追逐风口，而是要有自己的喜好和偏好，因为风口是碰上的，不是追来的。

对于个人兴趣爱好的满足感，有能力一定要提前，不仅仅是购买工具要提前，还要提前给予自己肯定和鼓励。不能因为刚开始学，离专业技能还差得很远就自暴自弃，也不能今天刚开始学，就想着一个月以后通过兴趣爱好赚钱。对待兴趣爱好，要有“一辈子”的心态，随着你的努力和坚持，也许有一天兴趣爱好就会成为你最大的财富。

提醒一下，兴趣爱好和消遣、打发时间是不一样的，和沉溺于消耗时间和金钱的网游更不一样。可能你会说，喜欢网游很正常，很多知名游戏策划人都从小玩游戏，而且电竞平台上的主播收入颇丰，各种各样的游戏公司也提供很多工作岗位，这已经是一个朝阳行业了。但你应该明白，如果你很喜欢网游，就最好去与其相关的公司应聘，只有这样，才会为你这个兴趣爱好提供发展空间。与摄影师、作家这些创作和产出是高度个人化的职业不同，游戏是一个从策划到研发再到市场推广都高度体系化的产业链条，若不从事相关行业，很难将兴趣优势转化成业绩。所以，这里又牵涉出另一个问题，即兴趣是一个相对个人化的创作过程，还是一个需要高度的体系配合的工种？

事业满足感要滞后

无论你热不热爱你的工作，热不热爱学习，“事业”的积累都需要严肃的态度和持久的坚持。

在把自己的兴趣爱好产业化之前，兴趣爱好都是一个非常私人化的东西，并且大量的兴趣爱好都有高度个人审美倾向和创造力的特征，这就使我们在面对兴趣爱好的时候，我们是自由的，是愉悦的，我们就是我们兴趣爱好的主宰者。

但“事业”基本都是产业化的事情，高度依赖团队协作，不仅考验工作技能本身，职场情商、管理能力等也都是重要的能力，这种集体主义特质和兴趣爱好所表现出来的强烈的个人主义特征完全不同。

因此，在发展“事业”的过程中，不论你是一个工作技能很强的人，还是一个有很好业绩的人，都需要你能更好地处理和领导、同事的关系，这时，如果你的工作成就满足感提前被满足或表现出来，不仅会有“争功”之嫌，还会因为太过招摇，惹人嫉妒。

不只是人际关系的问题，“事业”本身也是一个长期的积累过程。从 20 岁算起，到 60 岁退休，职业生涯一般有 40 年的时间，覆盖了一个人整个青年和中年时代，这两个阶段必然对个人的心性提出相当高的要求，如果有一点小成就就兴奋不已，那么非常不利于你将来面对漫长职场生涯的起落。

工作中延迟满足感，既需要调节自己的心态，也需要对工作本身有清醒和中立的认识。不论你喜欢与否，任何一份工作，认真做总能收获到更多的行业知识，甚至收获升职加薪。但无论如何，职场中保持平常心非常重要，尤其在你还不是老板而处于打工状态的时候。

虽然很多企业的企业文化倡导把公司当作家，但主人公感过分强烈也会产生负面效果，比如你可能认为你是来改变这家公司的，你觉得自己非常重要，你觉得你的观点和方向是对的，并且在和管理层观点相左的时候依然坚持自己的观点。一旦出现这种情况，你很难改变上级或管理层的意识，吃亏的最终是你。因此，学会以平常心的状态迎接职场的不同意见，对职场中的人来说是一门重要的课程。

延迟满足感是指一种甘愿为更有价值的长远结果而放弃即时满足的抉择取向，以及在等待中展示的自我控制能力，这种能力一般被认为是个体完成各种任务、协调人际关系、成功适应社会的必要条件。在我看来，延迟满足感有几个维度：

1. 情绪控制能力。不大喜大悲，能以平和的心态面对事情。

2. 转移注意力的能力。能够让自己的注意力不要总是聚焦在当前的矛盾上，以避免过分焦虑。

3. 方向的坚定感。这个方向包括事业的方向和生活方式的方向，不被中途的其他利益和短期利益动摇。

4. 能够接受失败的可能性，并且不为失败的可能性过分焦虑。不过分恐惧未来是做出很多人生重大决定并且无悔地去执行的必要条件。

不仅事业的成功需要延迟满足感，在任何一个领域如果想坚持和有所成就，哪怕是在很多人都认为有些不靠谱的事情上，甚至想远离世俗的评判，都需要延迟满足感。

IP 的力量

近几年有一个特别火的名词，叫“IP”，在我们的生活和职业生涯中，它的价值可谓无处不在。那么，到底什么是IP，IP 的作用到底有哪些，我们又该如何利用 IP 呢？

IP 的价值无处不在

我们都知道，热门的书籍、游戏和影视剧作品，这些都是 IP，但如果对 IP 的理解仅限于此，就有些狭义了。我认为 IP 是指“热点内容”，或者说是“热点内容的品牌符号”，这里所说的“内容”可以是任何一个领域内的，如文学、影视剧作品或商品、品牌，甚至是行业、财经、社会新闻……其中的热点话题，就是 IP。

IP 的本质是天然占据着话语权头部资源的那些内容，它具有品牌公信力，能够降低人们认知和理解它的成本，并且自带流量，这是最重要的。不管是一个人、一件事、一所大学、一个行业，还是一座城市，你只要讨论和它有关的内容，便具有天然的话题吸引力，能够吸引人来参与和讨论，这就是 IP 的力量。

IP 有巨大的商业价值，不管是个人还是企业，都是靠 IP 吃饭的。你考入名校，毕业后在简历上体现出来，凭借名校的背景进入更好的公司，用的就是名校的 IP。进入知名公司后，当你出来创业或者跳槽的时候，利用这段工作经历向投资人或下一家公司介绍自己时，利用的就是知名公司的 IP 价值。

当然，IP 是分大小的，一个人不可能只有一个 IP。正所谓“人往高处走”，其内涵就是将 IP 更大化。你刚从名校毕业，名校是你的 IP；等你大有作为时，你就成了名校的 IP，这就是从一个小 IP 走向更大的 IP 的过程。人生的每一个阶段，都是用自己当时那个阶段所拥有的最大 IP 在为自己的能力和社会地位进行背书的。

一个普通人卖猪肉，不会有人关注，因为卖猪肉的人太多了，但如果是知名网站创始人或是名校毕业生卖猪肉，就可以凭借 IP 的力量获得更大的关注，更容易进行市场推广，这就是 IP 带来的资源。

表 1-1　2017 年大学薪酬排行榜

排名	学校名称	地区	类别	薪酬（元）
1	清华大学	北京	理工	14918.82
2	上海财经大学	上海	财经	14205.72
3	上海交通大学	上海	综合	13739.62
4	复旦大学	上海	综合	13317.89
5	外交学院	北京	其他	12587.74
6	中央美术学院	北京	艺术	12509.63
7	北京大学	北京	综合	12466.00
8	上海外国语大学	上海	语言	12427.03
9	北京邮电大学	北京	理工	12381.70
10	对外经济贸易大学	北京	财经	12346.59

数据来源：由 iPIN 公司根据高校毕业生毕业五年薪酬数据计算。从表中可以看出，同样是大学毕业生，平均薪酬排到前 10 位的都是各领域的名校，而“名校”本身就是 IP。

对于一个人来说，最大的 IP 莫过于自己的名字，比如明星和知名企业家。当一个人还是普通人时，他向别人介绍自己，可能会介绍自己是哪个大学的、哪个公司的、哪个协会的，而当他自己成为 IP 时，他只需要提自己的名字就可以了，所以从这方面来说，成功就是个人 IP 化的努力。

IP 对于企业的价值则更为直观，企业在产品研发、品牌建设和产品质量上的所有投入，都是为了建立企业和产品的品牌价值，也就是企业和产品 IP 化的努力。新浪微博、知乎、今日头条，这类内容平台所争夺的网红、知名博主或明星资源，实际就是 IP 红人；京东、淘宝，这类电商平台所抢夺的热门品类的热门品牌资源，实际就是 IP 商品；房地产开发商所争夺的核心城市的核心地段，实际就是 IP 地段。对于企业来说，缺少 IP 资源或 IP 资源的大量流失，在某种程度上意味着走向失败。

IP 除了以上所说的这些看得见的资源作用，还有更为隐秘、更容易被忽略，但同时也更为根本的资源力量，这就是 IP 的话语权优势，这种优势可以在相当大的程度上抵消某种劣势，从而起到扬长避短的作用。

与其他人讨论热点 IP 时，不管是一部电影还是一款爆红游戏，如果你所表达的观点是有见解和深度的，你就有可能获得更大的话语权优势，同时你也能快速加入社群的讨论，融入集体，获得更大程度的社会参与感。

需要注意的是，IP 本身就是一种选择，有时候你说了同样多的话，做了同样多的功课，付出了同样多的努力，收获却是不一样的。比如，你在网络上不断发表关于小城镇的看法，可能没有人关注，但你不断发表关于一线城市的看法，往往会有很多人关注，因为一线城市是人们讨论的热点，本身就是个大 IP，自带流量。

IP 还有个隐秘的特性，就是要亲自占据 IP，你要努力去 IP 城市，从事 IP 行业，进入 IP 公司，从而成为热门 IP 的亲历者。

假如你是个穷小子，你在小城镇对一个姑娘讲大城市的互联网前景有多好，她很可能不会理你，甚至会认为你有病，因为大家都在小城镇，大城市的好坏与你没有任何关系。

但是，同样是穷小子，如果你来到大城市，进入互联网行业，当你和身边的人讲同样的东西，就会得到很多人的认同和欣赏。为什么？因为你自己就身处于这个 IP 中，还有其他无数人也因为相信这个 IP 而来，这就是“不是一家人，不进一家门”。所以，IP 本身也有目标筛选的作用。

小米创始人雷军曾经在一期电视节目里说，马云是中国目前最成功的企业家，他从马云身上学到的最大优点就是顺势而为，也就是跟着时代走。当互联网火的时候，你就做互联网；当手机开始火起来时，你就做手机。这也是 IP 的作用和价值，IP 就是大势所趋，IP 就是潮流，IP 就是风口。对个人来说，IP 可以溢价；对企业来说，热门 IP 行业可以提升估值。

IP 的陷阱

IP 的价值无处不在，能够成为你提升自身价值的利器，但凡事都有两面性，IP 也不例外，它也可能成为蒙蔽你的陷阱。当你利用它时，也可能因为不能有效识别 IP 的价值而做出错误的预估，使自己的利益受损。

在某些虚假医药广告中，往往会请来一些所谓的“专家”，在他们的名字后面会被标上一长串或真或假的社会身份，这时商家卖的就不是商品了，而是“专家”的这些社会身份，商品只是这些社会身份的 IP 价值的承载物。

有趣的是，社交媒体上时常曝光同一个专家出现在不同的广告中，但是他的名字后面备注的身份完全不一样，这是一种很典型的利用身份背书抬高自己和所代言的商品价值的方法，也是营销业界常用的推广手段。

需要社会身份备注获得 IP 背书的人，往往并没有那么有名，同样对于一个企业来说，如果需要依靠员工人数、营业额、投资额等信息获得 IP 背书，往往也都是创业公司或还没走上正轨的企业，至少不会是具有社会知名度的热门企业。

公司已经上市是非著名热门企业特别喜欢标榜自己的一个 IP。有时不得不承认，在同一个行业内，上市公司要比非上市公司好的概率更大一些。但是，对于求职者来说，把公司是否上市作为一个 IP，除了可能让其潜意识里认可这家公司是正规公司以外，公司能够带给求职者的薪资待遇、职业发展空间都相当可疑，尤其是在上市准入制门槛相对降低的情况下，上市公司这个 IP 在职场的含金量越来越值得关注。

同理，创业公司所获得的投资人背景的 IP 含金量也比较可疑。在同行业内，处在同一发展阶段的创业公司，能够获得更大投资人 IP 的青睐，在很大程度上意味着更容易获得资本市场的认可，更容易获得巨头的资源倾斜。但这并不意味着拥有投资人 IP 的背书，一家创业公司就可以走向想象中的成功。

营业额对于一家公司来说，也是一个非常可疑的 IP 背书。虽然在同行业内，更大的营业额意味着更大的企业规模和更大的业务量，但更为重要的应该是净利润率和人效（平均每个员工所创造的净利润）。同样的营业额，在不同的行业内意味着完全不同的净利润率及完全不同的人效。

所以，我认为所谓的热门行业，就是可以创造更高人效的行业；所谓的热门公司，就是可以创造更高人效的公司，行业人效和公司人效在很大程度上决定着一家公司所处的行业地位、员工的发展空间等。

IP 的存在是人类根本认知方式的一个体现，即人类需要观察事物，然后归纳总结。在归纳总结的过程中，标签化是人类最根本的一种认知方式，而所谓的 IP 其实就是热门标签。尤其是当你对一个人或一个事物了解不足时，标签就显得尤为重要。比如，电商平台在系统后台为消费者打上地域、性别、年龄、收入水平、常浏览的品类等标签；又比如你在相亲时，因为不了解对方，所以会通过第一印象为对方打上美丽、个儿矮、穿着得体等标签。其实所谓的好印象，就是想让对方形成一个你拥有某类热门 IP 的标签，所以你会在和相亲对象第一次见面时，表现得温文尔雅，穿着非常得体，还可能借辆豪车。

IP 对个人来说，是身份标签；对企业来说，是品牌和商业信誉。我们在关注 IP 的时候，千万不要忘记前面所讲过的，IP 有可能是陷阱！

02

我该对老板感恩吗

大公司好还是小公司好，这是个问题

在职场中，经常会有人纠结一个问题——大公司好还是小公司好？当面临选择时，大多数人会选择大公司，一般是因为稳定、福利好、待遇高等。也有一部分人会选择小公司，他们认为大公司追求的是流程和分工，越大的公司分工越细，去了大公司只是公司里的螺丝钉，看不到整个公司和行业的状况，而在小公司可以得到全面的锻炼。那么，这两种观点哪个是正确的呢？

“大还是小”“好或者坏”的标准

“大公司好还是小公司好”这个问题本身就不严谨，我们要讨论一个问题，首先不是展开讨论，而是要统一所讨论问题的“标的”和语境，也就是到底什么是“大或者小”，什么是“好或者坏”。

对于一家企业来说，员工规模超过万人，甚至达到十几万人，任何人都不会否认它是一家“大公司”。但是，如果只把企业人数多少、营收多大这些显而易见的“硬指标”当作衡量一家公司大小的标准，显然是错误的，我们更应该看企业所处的行业、行业自身的科技依赖度、商业模式本身的先进程度等这些“软指标”，而这些“软指标”都指向了另外两个指标，就是利润规模和人效，尤其人效非常重要。

如果是同一个行业，相同业务类型的公司对比，几乎可以肯定业务规模大的、营收规模大的、利润总额大的就是大公司，如果你选择了这个行业，那么在一般情况下，进更大的公司是相对“理智”的决策。但应该注意的是，不同行业、不同业务类型的公司，人效是完全不同的，要获取同样的利润规模，劳动密集型行业要比科技依赖型、研发依赖型企业所需要的劳动力数量多得多。这也意味着同样工种的工作，薪资和福利待遇也会不一样。

假设进“大公司好还是小公司好”这个问题不涉及个人的兴趣、爱好、理想和所能利用的资源和关系，其中的“好”只意味着更好的薪酬、更优越的福利待遇，以及能学到、见识到更丰富的商业决策场景，并且等到自己创业或者跳槽时，曾经的这份工作能给自己带来更大的平台背景溢价和商业资源，那么显而易见，在同一个行业里，一家“大公司”所能带给你的收获，要远远大于一家“小公司”。

这种“平台”背景能带给你的收获，就和你的父母从小教育你要好好学习，考上清华、北大一样，你可能会说清华、北大的毕业生也有卖猪肉的，但别忘了，他们卖猪肉都能成新闻，说明人们对他们的预期高，而如果是一个一般学校毕业的大学生去卖猪肉，是不会引来这么多关注的。

在小公司可以得到更全面的锻炼吗

在同一个行业内，有些人认为进入小公司能得到全面锻炼，在大公司某个岗位的“含金量”不会因为去了小公司而降低，反而还会因为小公司员工少，老板会让你从事更多、更重要的工作，工作的“含金量”又上升了。这绝对是一个错误的观点。

首先，即使是在同一个行业内，哪怕是同一个工种，在大公司和小公司所从事的工作也可能完全不一样，“含金量”更不可同日而语。一般来说，所谓的“大公司”，都是行业内的头部公司。头部公司的业务，在行业内的合作资源一般也都是头部资源，合作伙伴一般也都是各行各业的顶级企业，其所重点打造的项目就算不是优势业务范围内的，如阿里巴巴的“来往”，但至少也是在市场上有过极大的呼声的。如果大企业重点打造的项目是其优势业务范围的延伸，凭借其在行业内多年的优势地位、资源积累，就非常可能成功，如同样是阿里巴巴重金打造的新零售标杆“盒马鲜生”就一炮而红。而在这个过程中，参与的员工就会成为这种新的成功业务形态的初创者，一旦这种业务形态成为行业标杆，成为竞争对手竞相模仿的对象，那业务的主导者必将“身价倍增”，即使不是核心主导者，在行业内也会被猎头青睐。即使是常态型的业务，大企业的日常业务规模和合作资源也不是小公司能比的，大公司所有的岗位在其本身岗位职能的线条上都需要协调更多的合作团队，需要参与更大资源投入的决策。

如果是营销人员，一个2000万元广告费的项目和一个20万元广告费的项目，对人的锻炼肯定是不一样的；即使是软件开发人员，一个有一亿用户的App和一个只有两万用户的App对技术、用户体验的要求肯定也是不一样的；后台产品开发更是如此，一个需要经受一天几十亿元成交额的产品后台和一个每天只成交几十万元的产品后台是完全不一样的。这些岗位能力的锻炼，都不是凭空想象出来的，甚至可以说和个人能力的关系很小，而是个人凭借平台的背景和实力，凭借行业内多年积累的声誉、壁垒、行业优势地位转化而来的。

商业社会是一个凭实力说话的社会，在商业合作上，大公司一般都是和同级别的公司合作，即使和小公司合作，也是因为小公司有关系，比如初创公司有某大佬的出资背景，或是某头部公司的新创项目等，根本不会跑到一个存在很多问题的小公司，就能够凭空得到锻炼和创造价值的机会。

其次，我们需要搞清一个公司为什么小，是什么原因导致它小。是整个行业刚处于发展期，大家都还年轻，还是整个行业已经步入成熟期，它没有跟上行业发展的脚步而落后了？

比如当当网，曾经是中国最大的电商，但今天已经不是最大的了，而中国的互联网产业现在正高速发展，这就说明当当网现在的“小”就不是因为产业发展没成熟，而是自己的企业战略出问题了，没跟上整个行业的脚步。

伟大的企业是竞争出来的，这意味着一家成功企业的背后有成千上万试错失败的企业，相当多的创业公司的命运就是“用来试错”的，相当多的创业公司的业务本身也是有问题的。因为产品研发进度问题，因为业务创新度不够，因为没业务或者业务太少了，大家都在等产品出来，而产品出来了，又会出现种种问题，所以创业公司很多时候是处于一种“没什么事”的阶段，也就不存在能让人得到更多锻炼的可能性了。而大公司因为业务成熟度高，合作项目不断，业务推进较为顺利，反而会相对忙碌，能够得到更多的锻炼。

很多人，尤其是很多创业公司老板，可能会跟你说“大公司都是由小公司发展起来的”。他说的是对的，但这是一句废话，“大公司都是从小公司发展起来的”不代表“小公司都可以发展成大公司”，这是两个完全不同的概念，就如同所有的富人都是从穷人变富的，但不是所有穷人都会变富一样，而且绝大部分小公司其实都没有什么机会发展壮大，这是事实，是概率问题。

工作是第一生产力，兴趣是第二生产力

工作是第一生产力

曾有一个粉丝在微博上问我："作为一个智商普通的人，感觉大部分精力都被工作和通勤占用了，想提高自己，却有时间没精力。请问普通人想要提高自己，有什么原则和方法？谢谢。"

我认为这个问题相当有代表性，相信现在仍然有很多人感到困惑，包括我自己，所以我也非常认真地回答了他，也算是自己对这个问题的梳理。

在这个粉丝的问题中，其实他已经把"提高自己"的几个核心要素指了出来——工作、时间和精力。每个人都希望能提高自己，但是这个粉丝没有定义什么是"提高"，为了方便解答，我假设他说的“提高自己”是指提高自己长期的、未来的并且最好是持久的赚钱能力，所以我是按照“提高自己”等于“提高自己赚钱的能力”这个思路来回答的。

在回答这个问题之前，应该先考虑一个问题——公司招聘你去工作，为什么要付你薪水？很多人会说因为自己能给公司创造价值，那什么是价值呢？很多人又会说价值就是能让老板赚到更多的钱，我的月薪是一万，我能够帮老板赚五万，我就是在创造价值。如果你这么回答，说明你对劳动力市场还没有一个基本的常识性概念。

首先说说你能不能帮老板赚到更多的钱这件事。一个公司，尤其是一家大型企业，业务线是非常多的，其中除了主营核心业务外，很可能大部分业务都赚不到太多的钱，即使是未来可能的战略性业务，也都是需要先投资、先承受亏损的，在扭亏之前都是不赚钱的。但在扭亏之前老板会不发给你工资吗？事实上是必须发的，但是你却没有帮助老板赚到更多的钱。

“小老板”们经常说“只要你能给我创造价值，要多少钱都不是问题”或者“在你想要理想的工资之前，先想想自己给公司创造了多少价值”。相信很多求职者都听到过类似的话，他们说的并不完全是错的，但这些话本质上是说给销售人员的——拿底薪，然后拉单子，拉得多，“创造的价值”

就多；拉得少，“创造的价值”就少。这也是大多数中小型创业公司，尤其是“以销售为核心业务模式”的传统行业中小型公司的人力资源逻辑——由于业务稳定性较低、业务规模较小，公司整体的人力资源逻辑还处于“销售逻辑”中。

回到问题上，公司之所以会付你薪水，原因只有一个：你付出了自己的时间。工作的本质是劳动力出卖时间，老板花钱买员工的时间，不管创没创造价值，只要每天在公司里待 8 个小时甚至 12 个小时，老板就必须付员工钱。所以，价值不是你给老板赚了多少钱，价值首先是劳动时间，其次是劳动力的市场价。

不管是工作的价值还是人生的价值，如果都用时间的长度来衡量，这对不同阶层的人来说可能是最公平的方式。不管你出身如何，贫富差距有多大，但你只要不患上重大疾病或者出现意外事故，应该都能度过职业生涯，也就是说，你都会在职业生涯中打拼几十年，区别就在于职场上或者工作上的“价格”是不一样的。同样付出时间，每个人的薪水却是不同的，薪水取决于不同行业、不同职业、不同工作能力的人在人才市场上的价位，每个人的时间在人才市场上的价位是不同的。

提高自己的最好方法是什么？当然是选择一个有空间、有潜力、能赚更多钱的行业和职业，难道还有比这更好的方法吗？

要知道，不管你做什么工作，除去周末休息，排除加班的因素，你每天都要为工作付出 8 个小时的时间，毕竟那种不需要坐班的工作很少。工作结束后，你还要通勤、吃饭、谈恋爱、刷手机……你几乎已经没有时间去提高自己，就算真的还有时间，你也没有精力了。

工作之外的时间都是碎片化的，并且都是剩余精力，这再次凸显了工作对提高自己的价值——如果这个价值指的是收入。如果你不能把握好你的工作选择权，你就丧失了最优选项，其他所有选项都是更差的选项，这不是你的能力问题，而是你选择能力的问题。所以，提高自己的方法有很多，最好的方法一定是工作，如果你觉得工作对自己的提高很少，那就尽可能换一份能让自己提高更多的工作吧。

兴趣是第二生产力

我以前认识一个挺出名的出版人，工作之余他非常喜欢摄影，并且肯付出时间、精力及金钱，他还出过一本关于人像摄影的教材。几年后，他突然在微博发了一些世界各地风景的照片，我心想他是不是已经做了专职摄影师，否则他哪有那么多业余时间去世界各地游览，而且精力和财力也是一个问题。于是我马上问他，得知他果然做了职业摄影师，而且年收入是以前的四五倍。

提高自己的方法，占第一位的永远是工作。但是，如果你处在夕阳行业，也确实转不了型了，对你的人生而言，兴趣就是第二生产力。工作是老板花钱买你的时间，兴趣是你用自己的快乐买自己的时间，你也不知道它能不能赚钱，但你就是喜欢，不由自主地花时间去做。

真正的兴趣都是持久的，不是三分钟热度，就像我的这位朋友，花了那么多年去钻研，花了那么多钱买器材，就是因为喜欢，慢慢地也就在摄影圈里小有名气了。成功，本质都是混圈子，和小圈子里的人比更胜一筹，你就有机会走向更大、更专业的舞台，只不过绝大多数人工作时浑浑噩噩，也没有什么兴趣，即使有，也大多是跟风而已。

坚持的溢价是意想不到的

经常会有微博粉丝问我同一个问题：“我有很大的做自媒体的兴趣，你能不能传授一下经验？”想要做好自媒体，需要学的东西很多，但以我个人的经验，最需要学的就是“坚持”。

虽然我的微博粉丝不算多，算不上“大V”，只能算个“中小V”，但作为一个普通的微博号，没有机构包装，也不混自媒体的圈子，做到这个程度已经很不容易。

我每天玩微博玩了七年，真正开始运营也已经五年了，我每天要关注时事、热点，还要对这些时事、热点发表深度的看法和分析，每天还要给粉丝提供持续、稳定、有价值的内容，以防止粉丝忘记我，我就这样坚持了下来。

所以，如果再有人问我如何做好一个自媒体，我会跟他说：“你要相信你有做自媒体的天赋，我也相信你有，所以请尽情地表达言论吧。最重要的是，把这个表达坚持五年。”我在“坚持”这件事上，听过的最有感触的一句话，来自21世纪初备受媒体追捧的“四大80后亿万富翁”之一戴志康的一句话：“执着不是为了一个看得见的结果坚持三年，而是为了一个看不见的结果坚持三年。”他的这句话我记了很多年，现在依然记忆犹新。

一般而言，人对于自己感兴趣的事都比较容易坚持，因为兴趣浓厚，做事时会收获很多的快乐，如果能把自己的兴趣作为事业和工作，将是一件非常幸运的事情，如果这件事情还正处于时代和行业红利期，那你简直就是最幸运的人。大部分人之所以不能将兴趣和事业很好地结合，可能是感兴趣的事情还远没达到专业的程度，需要时间提升自己；还有可能是感兴趣的事情是一件没有商业空间的事情，只能作为兴趣，所以暂时从事一个更有收入潜力的工作，等到感兴趣的事情在商业上有了更多可能性以后再考虑发展壮大。当然，大多数人其实没什么特别强烈的兴趣，大都只是一些打发空余时间的行为。

但是，你应该知道，单凭兴趣本身能够带来的快乐，在兴趣上花的时间和坚持也是值得的，而且以我的经验，如果你真的对一件事情非常有兴趣，经过长时间的坚持和磨炼，你必将有意想不到的收获，只是也许需要很多年。

职场转型的机遇和瓶颈

职场转型的类型

虽然我没有统计过具体数据，但我相信，在职场中，对自己的职业曾经有过不满和想要转型的人一定有很多，毕竟在这个多变的社会，能够从参加工作开始就“从一而终”，一直做同一个类型的工作直到退休的人越来越少见了（见表2-1）。这并不是职业忠诚度有问题，也不是职业生涯缺乏规划，因为在市场经济环境下，不同行业的收入鸿沟在扩大，各行各业都处在自身的生命周期之中，这都使得“终生学习”成为现代人的基本职场素养，而“终生学习”的本质也是“终生转型”。

职业的转型有很多种，需要从不同的角度去看待。比如一个设计师，由于在公司内表现突出或较为资深，对业务较为熟悉，成为设计组的组长，并且随着公司规模的扩大，逐渐晋升为设计中心的总监，这是一种从本职工作不断向上晋升的路径，它分为专业线晋升和管理职能晋升（管理型转型）。在我看来，这两种晋升都是比较理想、比较平缓、风险较小的一种转型，或者叫升职，因为工作内容和环境前后关联度很高。

表 2-1　2018 年春季不同城市白领跳槽实际行动比例

排名	城市	有跳槽实际行动的人群	排名	城市	有跳槽实际行动的人群
1	重庆	73.6%	20	厦门	70.0%
2	合肥	73.4%	21	哈尔滨	69.6%
3	沈阳	73.2%	22	海口	69.5%
4	西安	73.1%	23	青岛	69.4%
5	成都	72.9%	24	深圳	68.7%
6	武汉	72.9%	25	天津	68.5%
7	长沙	72.4%	26	广州	68.0%
8	兰州	72.2%	27	太原	67.6%
9	杭州	71.8%	28	福州	67.4%
10	无锡	71.8%	29	烟台	67.1%
11	贵阳	71.4%	30	苏州	66.6%
12	郑州	71.3%	31	石家庄	66.5%

续表

排名	城市	有跳槽实际行动的人群	排名	城市	有跳槽实际行动的人群
13	北京	70.8%	32	东莞	65.2%
14	大连	70.6%	33	南京	64.2%
15	上海	70.5%	34	南昌	63.5%
16	长春	70.3%	35	宁波	63.3%
17	济南	70.2%	36	佛山	62.3%
18	乌鲁木齐	70.2%	37	南宁	59.0%
19	昆明	70.1%			

数据来源：智联招聘发布的《2018年春季广州白领跳槽指数调研报告》

再比如一家房地产公司的营销策划人员，工作了几年后想去做销售，但其实二者所需要应用的知识逻辑脉络是相辅相成的，可以说是两种关联度非常高的工作之间的转型。这种转型，如果在同一家公司内，就叫作转岗，难度要低得多，我把它称为“低风险转型”。因为这种转型一般都是在本公司内部或者本行业内部完成的，依靠公司或行业内天然的信任关系自然而然地获得了转型机会，一般来说转型门槛较低。

有的人在石油公司从事会计工作或在广告公司从事文

案工作，一听说百度、腾讯这样的公司薪水给得多，便打算从头开始学习计算机编程，这就属于在两个关联度非常低的职业之间的转型，跨行业、跨公司、跨职能，并且最为关键的是，其想转型的方向、专业门槛和学习成本都非常高，因此使得这种转型风险非常大，难度也非常高，我把这种转型称为“高风险转型”。

还有一种转型模式，也是在两个关联度非常弱的行业之间转型，但想转型的职业具有较强的“销售型”性质，通过销售职业那种“高提成”“高回扣”的属性获得“高薪”，我把这种转型称为“销售型转型”。如果不是行业技术门槛过高的行业，销售型工作相对来说入门门槛不会很高，低底薪、高提成、高淘汰率，出单拿钱，没出单拿底薪，从风险的角度来说，这类转型虽然入门门槛不高，但由于其职业特性，决定了这种转型本身也需要冒巨大的风险。

此外，有一种转型的目的更加务实，比如想获得更好的公司平台背景，想获得更稳定的薪资待遇等，并且转型难度也不是很大，如从猎头转型到甲方做人力资源，从广告公司转型到甲方，同一个工种从小公司转型到更大的公司，我把这种转型称为“平台型转型”。这是职场中最常见的跳槽原因和职业发展路径之一，虽然存在跨公司甚至可能是跨行业，但由于其前后职业的相关性强，只要背景有亮点，成功的概率依然不低。

从打工到创业，无疑是质变的职业转型，然而创业是有风险的，无论你的资源多好，你的行业人脉多好，资金多到位，你始终离不开社会和经济环境的复杂变化。但风险和风险也是不一样的，那些前后工作关联度高、商业理解力优秀、行业资源好、融资能力强的创业者，在我看来属于“继承型创业”，即继承了自己的行业优势。另外一种是撞入一个自己完全没有经验的行业去创业，属于“撞入型创业”。一般而言，继承型创业的风险会相对较小，成功概率也高一些。

还有一些转型看起来是转型，但其实只是个人的选择切换，不具有转型的难度和转型的提升。比如从行政工作转做人力资源，从后勤仓管转做保安之类的转型，前后两份工作技术门槛都不高，而且不管是薪资、成长空间还是岗位，对于一个行业的核心度来说都不太大，且在平台上没有提成，我把这类转型称为“无效转型”。

转型的机遇和瓶颈

不管是找工作、转型还是创业，你个人的意愿是否强烈是非常重要的。乔布斯有一个特质曾经被很多人提起，那就是“现实扭曲场力”，简单理解就是因为一个人对做一件事拥有超强烈的意愿，哪怕这件事很难完成，甚至可能违背物理学定律，但对拥有超强烈意愿的人来说，他往往可以扭转现实的不利。

所以，对于职业转型来说，个人意愿是处在第一位的。这也是为什么几乎所有的面试官都会问你对未来职业发展的规划和对这份工作的意愿度，能力再优秀的人，没有意愿也不会去做一件事，更不会坚持做好一件事，而当你自己对某个方向有强烈的意愿的时候，基本上对你来说，职业转型的机遇就到来了。

当然，个人意愿很重要，但无论主观意愿强烈与否，在人力资源看来，你个人的从业经验是否有优势，依然是不可忽视的客观评价要素。除非你创造了一个全新的商业模式，否则从本质上来讲，机会都是需要别人给你的，至少是需要别人承认和认可的，你才能获得好的机会。

所以，当你想要转型时，如果目标职业和之前的从业经历能有一种契合让你切入，你转型成功的可能性就会非常大。比如你曾经在广告公司做文案、做创意，现在想往互联网公司转型，但是广告公司和互联网公司的工作内容及商业模式完全不同，你不会编程，而且从头学习的成本还比较高，这时你就可以转型到互联网公司里去做需要用到创意、策划、文案功底的一些工作，比如运营、营销、活动策划和执行等。虽然你没有在互联网公司工作过的经验，但由于这些岗位本身的要求和你曾经的工作经历有契合度，转型成功的可能性就会相对提高。

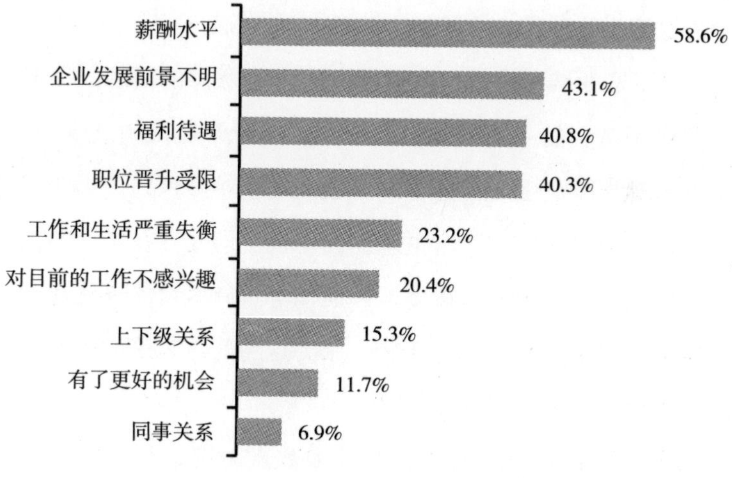

图 2-1　2018 年春季广州白领跳槽原因

数据来源：智联招聘（www.zhaopin.com）

统计规则：基于智联招聘 2018 年春季白领跳槽调研数据库的数据监测统计分析

转型是一种横向拓展，可以拓展你的职业生命周期，带给你全新的行业视野和职业价值，如今的职场已经形成一个需要终生学习和终生转型的大环境。但要注意，无论怎么转型，都需要一个人在某个领域纵向发展，深度发掘这个领域的价值，只有这样，才能取得更深入的职业成就，千万不要转了一辈子型，却发现自己没有在任何一个领域深度耕耘过，收获的全是一些浅尝辄止的职业成就。所以，职业生涯是在不断的转型和坚持中，在横向的拓展、纵向的发展和深度的挖掘中收获更大的价值。

对于职业转型来说，年龄是一个非常敏感的话题，很多行业对于基层员工的招聘，是非常倾向于年轻化的。所以，不管是对于职业生涯本身来说，还是对于转型来说，年龄都可能是一个潜在瓶颈，这也从侧面印证了即使存在转型的机会，前期的积累也非常重要，人应该尊重并尽可能抓住每一次机会，哪怕那时候你很年轻，因为这将为你未来的职业生涯向深度和高度发展提供基础。

除了年龄这一问题外，对大多数人来说，行业核心资源的缺乏，也是职业生涯转型和上升的最大瓶颈，而且这个瓶颈在很多时候是无解的。比如在科技行业，超强的科技研发能力是行业核心资源能力，而一个一直从事营销的人是很难在 40 岁的时候重新学习科技研发的。再比如融资能力，对于任何一个行业和公司来说它都是核心资源能力，但是你需要在投资圈或银行界拥有良好的人脉积累和声誉才能获得。

所以，在职场中，每个人都想掌握一个行业的核心资源，或者在具有核心价值的岗位上工作，也更希望在这个岗位上能够长线发展，而当你越靠近核心资源，越靠近核心岗位，你为一个行业所提供的价值就越是核心的、越不可替代的，你在这个行业所能获得的利益也就越大。

但是，一个人的职业生涯并非是一个线性发展的过程，每个人都有规划，也不可能每个人的规划都能成功，所以借用电影《饥饿游戏》里的一句话："愿好运与你同在。"

HR 和猎头的套路

HR 是什么

网上有求职者开玩笑，“走过的最长的路，是 HR 的套路”。虽然这是一句玩笑话，但不能否认，任何一个行业，之所以能形成稳定的分工，一定是创造了相应的行业价值，并且形成了相应比较稳定的工作方式和思维方式，也就是职业套路。

HR 往往是进入或接触一个公司的第一个环节，同时也是最后一个环节。你想进入一家公司，需要投简历，第一个看到的人很可能是 HR，第一个联系你的人也可能是 HR。就算你参加的是企业校招或双选会，在你所见到的企业方人员中，一定会有 HR，因为这些校招活动在企业内部的联络者和组织者，一般都是由 HR 来负责的。

当你进入面试阶段后，HR 会帮你安排面试流程，会跟你约定一次又一次的面试时间；当你被用人部门选中，HR 还会和你沟通入职时间、薪资福利和公司的一些规章制度；而当你正式入职后，需要签合同，领办公用品，交纳入职资料，被 HR 领到所在部门。如果你在工作中涉及工资、职级、五险一金的问题，遇到需要绩效、招聘或调岗的问题，也会经常和他们打交道。如果你要离职，最后这个环节一般还是由 HR 的同事们来协助你办理。

总之，一家公司无论大小，都需要有 HR 这个岗位，它是一个相当宽泛的概念，在不同的公司，HR 系统所承担的职责和所拥有的权力是不一样的，这一节里所说的 HR，一般是指和你联络并安排面试的招聘端口的 HR。

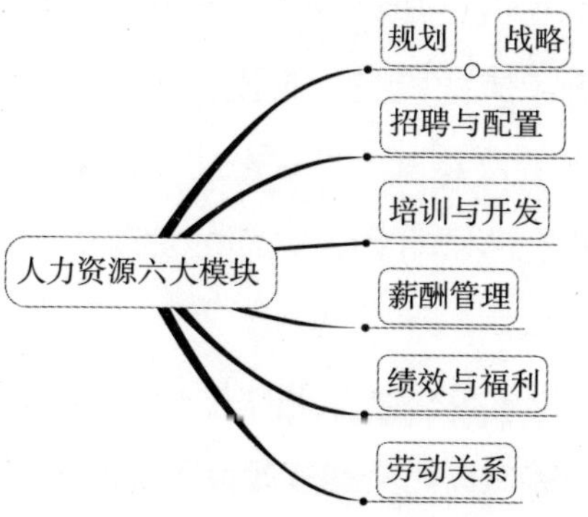

图 2-2　人力资源六大模块

公司越大，HR 系统就会越庞大和繁杂，而在小型企业或创业公司里，甚至会出现只有一个人来负责所有人力和行政方面的工作。在那些组织成熟度不高的行业或中小型企业里，HR 往往被看成一个花钱的部门，是一个行政性、流程性的工种，重要性无法和业务部门相比；而在科技依赖度较高或资本密集程度高的行业或企业里，HR 往往被视为能够支撑业务发展和产出生产力的部门。由于不同行业和公司对 HR 团队的建设和重视程度不一样，导致 HR 团队对人才的理解程度也不一样，这是需要应聘者注意的。

在某些劳动密集型行业中，如物流、餐饮、制造业，由于业务属性的原因，这类行业内的组织结构普遍是基层员工所占比例很大，中高层领导所占比例很小，导致中高层领导的力量比较薄弱。比如一家大型制造业工厂可能有几万名流水线工人，却只有几名高管和数量相对不多且也是由工人晋升上来的组长。再比如一家餐饮公司，可能在全国各地有几十家甚至上百家分店，一家店可能有十几个服务员，却只有两个店长，总部的管理层和总监层人员所占比例自然更低。

假设这个行业和其他行业的人才互换、交流并不十分频繁，就可能导致 HR 完全不理解你所说的工作性质、业务内容和这些工作背后所代表的能力，也完全不能理解你的薪资水平，因为他的潜意识会倾向于用自己行业内的工资标准来默认你的能力和工资标准。

另外，劳动密集型行业的管理方式决定了管理层和 HR 习惯采用“硬考核”式的方法来面试所有应聘者，因为他们平时就是这样面对工人和服务员的，并且由于中高层管理者所占比例较低，所以他们一般都会很忙，这导致 HR 对你的面试流程具有决定性影响，也就是说，你能不能获得老板的面试，几乎就取决于 HR 了。而在中层力量比较强大的组织结构里，如大型互联网公司、科技公司等，HR 是很难获得独自决定是否录用你的机会的，在招聘过程中，HR 更多的是起辅助性作用。

猎头的套路

和 HR、猎头打交道，是职场中人尤其是资深职场人士的职业基本功。对应届生来说，除非是某些热门行业的热门技术类人才，如互联网、人工智能开发的优秀毕业生能获得猎头的青睐，更多的应届生是和企业方的 HR 打交道的。而对已经有工作经验，尤其是对于在行业内拥有好的工作背景的专业人才来说，和猎头打交道就成了家常便饭。

猎头和企业方的HR是有区别的，最大的不同就在于猎头不是直接招聘方的内部员工，而是人力资源外包公司的工作人员，这也就导致了下面一系列的不同。

首先，不同的猎头对企业的了解程度是不一样的。比如一家有招聘需求的企业总部在深圳或者上海，而聘请的人力资源外包公司的工作地点在广州或者苏州，猎头可能以前根本不知道这家企业，他对这家企业和岗位的了解完全来自所谓的岗位需求信息，而对这家企业内部的组织架构、招聘岗位所在部门内部的问题、领导的风格、面试官的风格自然不是十分了解，所以对这家企业和岗位所需人才的匹配度的理解能力就会比较差，而且由于是异地操作，猎头也很难和应聘者直接面对面沟通，对应聘者的真实性格和岗位需求的理解力也会比较差。

其次，猎头和企业的关系是不一样的。猎头是对招聘方搜寻高端人才能力的补充，可以理解为一个人才供给渠道，但是这个渠道不是唯一的，招聘方可能会有很多猎头渠道，它们属于不同的人力资源外包公司，分布在不同的城市，所以这些猎头和招聘方之间的关系一定是有巨大差异的。一般来说，如果一个猎头服务于招聘方的时间很长，而且招聘方的企业高层、部门领导中有他成功推荐入职的，那么他推荐的应聘者就会比其他猎头推荐的人选更有权重，更被信任。

最后，猎头对岗位状态的信息是滞后的。由于猎头隶属于人力资源外包公司，所以他们对岗位信息的接收和理解，需要招聘方的对接人员（一般是 HR）的传递和解释，由于增加了一道信息传递环节，很可能会造成信息的滞后和失真。比如所需岗位已经有好几名候选人了，甚至可能已经有意向候选人了，但推荐你的猎头并不知道。另外，还有可能招聘方出于自身利益考量，会向不同猎头放出略有差异的用人需求，导致各个猎头对用人需求的理解产生差异。

通常情况下，猎头就像是人才市场里的“销售”，因此在这个行当中，真正能够做到关注候选人实际跳槽需求和性格匹配程度的猎头是极少数的，更多的猎头关心的是如何尽快将尽量多的优秀候选人推荐给招聘方，以增加自己推荐成功的概率。当然，推荐的过程不会没有门槛，尤其是越高端的岗位需求，符合要求的候选人就越少，正因为如此，大部分猎头会将手里背景还不错的候选人都推荐过去，以此占据面试官的时间，体现自己的工作价值。

对于比较符合岗位需求的候选人，猎头一般会极力鼓动他去面试，哪怕招聘方完全不在他考虑的范围内，猎头通常会用“高薪”“有股票”“拿到风投了”等一系列理由来怂恿候选人，尽管不是所有的猎头都这样，但那些销售意识强烈的猎头确实会通过这一系列的“甜头”来诱惑候选人。

由于在人才市场中，招聘方是甲方，而猎头是乙方，这种地位的不平等，加上前面说的信息不对等，导致大多数猎头在面对甲方时都处于弱势，他们很可能无法保障候选人获得一个良好的面试体验和经历完整的面试流程，并且他们在面对甲方时，也很难把控甲方的人才和市场预期，这就导致候选人很可能会经历一次无效的面试。所以，我们应该理性对待猎头抛过来的“橄榄枝”，并且应该尽可能获取更多的信息来评估猎头对企业招聘需求和应聘流程的把控能力。

面对猎头的异地面试推荐，如果你对换城市工作的兴趣不大，最好直接拒绝，如果猎头用了诸多“甜头”诱惑你参加面试，你又有些动心，那么应该按照以下的方法操作：

一、异地面试之前一定要让能够对招聘岗位具有决定权的负责人和你电话沟通一次，而不是无关紧要的底层员工。因为一个好的岗位必然是由较高级别的人负责的，这代表了这个岗位的重要程度，另外，和“关键人物”对话，你可以获得更真实有效的信息。

二、让招聘方负责异地面试所需要的飞机票、高铁票和酒店住宿等费用，这是考核这个岗位对公司的重要程度，以及公司对你是否有诚意。一般来说，企业文化比较好的公司，或者比较重要的岗位，招聘方都是可以为异地面试者提供交通费和预订酒店的。需要注意的是，所有的费用不需要你垫付然后公司再报销，而应该是由招聘方直接提前购买和安排好，因为一旦面试不顺利或你没有被最终录取，报销的流程将是一个“屈辱”的过程。

以上只是一些考察公司企业文化和岗位重要程度的方法，尤其是在面对你不那么想去的公司的时候。如果是你非常想去的公司，那完全可以自费去异地面试一次，哪怕没有被录取，就当去旅游一次了。

面试是一场考试

有的职业的面试是需要上机、笔试和做题的，比如程序员；有的职业是需要拿证书的，比如律师；另外像演员的面试，还需要试镜。不同职业的面试方式可能不一样，不同公司的面试流程可能也不一样，但一般性的公司，都需要你把下面这几个问题想清楚，并且在回答的时候能够有逻辑和条理，能够让人信服：

1. 自我介绍，个人信息，每份工作的工作内容和取得的业绩。

2. 为什么离开上一份工作？

3. 未来的职业规划是什么？

4. 做过的最成功的案例。

5. 从每份工作中学到了什么?

6. 怎么看待现在面试的公司和岗位?

7. 评价自己的优点和缺点。

8. 期望薪酬（就是最低要求）如何?

9. 什么时候能到岗?

10. 有没有在看其他机会? 如果有，有哪些机会?

11. 你的朋友或者同事如何评价你?

以上这些问题，不仅会在不同的公司面试时遇到，即使在同一家公司面试，很可能你在经历一面、二面、三面时，HR、用人部门负责人、老板也会重复问你，因此可谓是职场面试的通用型问题。如果回答得漂亮，一定会增加面试成功的概率。

我该对老板感恩吗

我该对老板感恩吗

每一个职场新人都需要处理好和老板的关系，而对老板感恩是职场新人常见的态度，然而，随着职场阅历的增加、个人工作经验的完善，对老板的感恩态度也会随着时间的推移而减弱，逐渐回归到一个理性和旁观的态度，这又是另一个话题。

就业是一种雇佣关系，这是基本的商业伦理。老板出钱，员工出卖时间和劳动，大家各取所需，两不相欠，这就是市场经济。从伦理的角度来讲，当代市场经济条件下的都市职场，雇佣者对求职者确实不存在所谓的恩情，求职者对雇佣者也没必要感恩和自觉亏欠。

也许公司是在刚刚组建团队时缺人把你招聘进来，也许公司是在团队刚刚经历换血、动荡和裁员后把你招聘进来，这在客观上确实给予你工作的机会，缓解了你当时的经济压力或工作焦虑，但这些都是主观上没有帮助意愿的帮助，都是用人方从自身利益角度出发做出的决定，而不是为了帮助你而做出的决定。

有很多职场人在遇到难得的机遇时，总是因为上司对自己的看重而产生纠结心理，一边是也许更适合自己、更有发展空间的工作机遇，一边是现在的上司曾经在自己缺少工作经验时把自己招聘进来，并悉心指导，因此产生了利益和“情谊”之间的纠结。

新的机遇是不是更好，到底适不适合自己，能有什么样的发展前景，每个人都有自己的评估，所以不做讨论。在遇到这种“职场纠结”时，只需要从现实的角度出发，考虑自己的喜好以及将新的工作机会和现有工作做对比，看是否更契合自己的职业规划就可以了，完全不需要有过多的情感负担。

不必对老板心怀感恩，并不是说完全不重视和老板的关系。可能你的老板是一个自私自利且不深受员工爱戴的人，但你仍然要注意避免和老板交恶，至少做到不当面恶语相向。在不交恶的基础之上，要尽量做到人前人后不说老板坏话，哪怕这个老板已经被千夫所指。有时候年轻气盛，做人做事不留情面，当有一天反思时很可能会后悔。

一个城市内的一个行业虽然有新人进，有旧人出，但总体上会在某个时间段内保持一个相对稳定的人员构成，即所谓的“圈子”。比如在中国有很多做互联网的，但是做电商做得比较大的就那么几家，如阿里巴巴、京东、唯品会……所以有一部分人在这个公司是同事，跳槽去另一个公司时他们竟然还是同事。

而高管的圈层则可能更加稳定，老板的圈层就更不用说了。从功利的角度来讲，你只要继续在这个城市或这个行业求职，就很可能遇见自己曾经的上司或同事，如果你曾和他们关系交恶，再次成为同事将是一件非常尴尬的事情，而且还可能会使自己失去新的职业机遇，完全是得不偿失。

一个人要想获得更大的发展机遇，固然能力和恒心非常重要，但有好的职场口碑，将会从长远的角度帮助你在一个行业立足和发展，以及获得更多意想不到的机会。

取得老板的信任不是搞关系

有很多人认为，想要取得领导的信任，就要和领导“搞关系”，而在他们的意识中，“搞关系”就意味着必须溜须拍马或利益输送，很多时候，在某些行业或地区，这种思维方式确实很普遍。

但是，在竞争性的市场环境中，要想取得领导的信任，前提条件是把工作做好，提高自己的业绩，否则再如何溜须拍马、搞关系，也无济于事。因为领导不可能让一个没有业绩、整天只知道巴结自己的人占用一个部门的人员名额，领导自己也有巨大的业绩压力。所以，当你加入一个竞争性的行业中，就不要幻想靠“搞关系”获得成功。

于是，有人就会问：“到底是做人重要还是做事重要？”其实，在生活中根本不存在所谓的做人还是做事，这只是人类通过语言方式来区分现实中的行为而产生的概念。从本质上来说，所有的做事都是在处理人际关系，因为事情就是人做的，但是处理人际关系不是“搞关系”，不是溜须拍马，更不是利益输送。

有的人可能会疑惑，搞不清做人和做事的分界点、原则到底是什么，不知道如何才能既处理好和其他人的关系，同时又能把事情做好。我认为答案只有一个：结果导向。

我们应该清楚，所谓的处理好人际关系并不是说要和每个人都搞好关系，这是永远不可能的，因为总会有人出于不同的利益考量，和你站在不同的利益立场上。但无论如何，只要你的出发点是想认真地把这件事情做好，更好地完成绩效，只要本着结果导向的原则做事，即使你不能获得所有人的赞美，但你至少可以赢得尊重和理解，因为没有人会不尊重、不理解一个想认真把事情做好的人。

虽然你不必对老板感恩戴德，甚至没必要阿谀奉承你的上司，但有一点不得不承认，哪怕是再扁平化管理的公司，也都是一个自上而下的商业组织，而不是一个自下而上的社群聚会，也不是一个去中心化的传播结构。这种组织特性决定了在企业中做事情，如果想要成功，想要获得支持，就要取得领导的信任和支持，你的领导也要取得老板的信任和支持，而老板则需要取得投资人尤其是大股东的信任和支持。所以，如果你想在一家企业做好事情，尤其是想在你的领导手下做好事情，你就必须向他证明你的工作能力，甚至可以尝试和他建立起亦师亦友的情谊，以获得他的信任，从而让他提携你。

信任成本永远是人与人之间关系最大的一个成本，这种成本需要长时间的经营、情感的磨合、做人做事方式的认同，时间越长，这种信任的壁垒就越高，他人就越难以逾越。所以，在职场中，很多时候做事情，能力的差别是次要的，老板对你是否足够信任是主要的。

最后提醒一句，如果你要跳槽，一定要明确现在所做的达不到自己想要的，并且能够预估出跳槽后所能带来的综合收益远高于你停留在原有的熟悉环境中的长久收益。总之，无论你是否会永远追随一个老板，是否会长期在一家公司效力，都要尽量做到和公司、老板求同存异，不要将矛盾和自我的看法过于强烈地表达出来。而曾经的好印象，虽然在未来不一定真的能直接帮助你，但至少可能会减少你的阻力。

组织文化和人才机遇

文化具有决定一切的力量

在职场中，“企业文化”这个词的出现频率越来越高，越来越多的企业开始设立品牌经理这样的岗位，以面向人才市场提升自己企业文化的吸引力，这说明许多企业已经充分意识到企业在人才市场的口碑，对于人才的择业有重要的影响。而行业之间和企业之间的竞争，归根结底是资本和人才的竞争。所以，在我看来，企业文化具有决定一切的力量。

领英、智联招聘等很多职场社交网站或招聘网站都曾发布过类似于年度最佳雇主的榜单（见表 2-2），从职场人才看待雇主的角度，是评价企业文化的重要维度，但这并不是唯一维度。事实上，行业性质、商业模式、企业大小、股东风格、员工平均年龄及文化程度等，都是影响企业文化建设的重要维度。

表 2-2　2017 年中国最佳雇主 30 强

1	宝马中国	2	腾讯科技（深圳）有限公司	3	招商银行	4	万科企业股份有限公司	5	网易
6	中国人民财产保险股份有限公司	7	百度	8	顺丰速运	9	中国第一汽车集团公司	10	北汽集团
11	碧桂园集团	12	艾欧史密斯（中国）	13	中国民生银行股份有限公司	14	戴姆勒/梅赛德斯-奔驰	15	京东
16	IBM	17	海航集团	18	新东方教育科技集团有限公司	19	德邦物流股份有限公司	20	凤凰网
21	神州租车	22	东软集团	23	唯品会	24	中国南方航空股份有限公司	25	广发银行股份有限公司
26	中国东方航空股份有限公司	27	青岛啤酒	28	阳光城集团股份有限公司	29	杭州海康威视数字技术股份有限公司	30	华夏幸福基业股份有限公司

数据来源：智联招聘

企业文化对于个人的职业发展具有极其重要的作用，在企业和人才的双向选择中，造成了凡是愿意入职并接受这个企业文化的人，其审美和价值观都具有内核性的相似，而不愿意接受的人就不会入职或很快离开，最终将会对企业文化形成强化作用。所以，通过观察不同行业的人才的风格、不同公司的人才的平均工作能力，就可以大致得出一个感观的认知，这就是企业文化强化后的效应。需要注意的是，在强化的过程中，企业文化中好的部分有可能被稀释，坏的部分有可能被强化，还可能增加更多不好的部分，这无论对于企业自身发展还是对人才自身的发展都是巨大的挑战。

对一个企业来说，企业文化本质上就是老板个人审美和情怀的投射，基本上有什么样的老板，就会有什么样的企业文化。同样，一个企业发展的上限，取决于老板个人的见识和能力，而不是企业里其他人的能力，哪怕这个企业花再多的钱雇再有能力的高管，也不能抵消老板个人的能力和资源限制。

我们经常会看到，处在同一个行业、同一条起跑线上，规模完全相同的两家企业，可能会在几年后拥有完全不同的发展成绩，除了所谓的运气这种不可知论的成分外，我们经过分析会惊讶地发现，这些都是老板的见识水平和整个企业文化所带来的影响。

在互联网行业，内容的价值已经被公认，除了腾讯能够依靠社交关系链这一优势，通过社交产品自发地产生流量外，其他互联网公司都需要提供服务或内容来聚合流量，而优质的内容就是产生用户黏性的最大保障。但是，同样是想要生产内容，因为每个老板自身的能力和局限，就会产生完全不同的发展结果。

从本质上来说，生产内容只有两个方法，一个是做内容平台，自己不生产，通过连接内容生产者和内容消费者来进行内容分发。这个方法看似简单，却并不容易，因为想要做好内容平台，保证良好的用户体验，需要拥有非常好的产品能力和研发、算法能力，而这两种能力，正是创业公司所缺乏的：一是大部分创业者自身不具有强大的产品和研发能力，二是好的产品和研发、算法工程师的薪水非常高，大部分创业者又没有资源去整合。于是，只剩下自己生产内容这一个办法。

想要自己生产内容，需要先把内容的方向选对，能够切中用户的痛点，方向对了以后还需要稳定、有价值的高质量内容输出，这是一个非常缓慢、非常辛苦的过程，需要非常多的内容生产者夜以继日地去长期运营。大部分创业公司既没有做内容平台的产品、研发和算法能力，也没有资源雇用大批量的内容创作者，他们只能选择雇三四个人来生产内容，妄想通过这三四个人来生产优质内容，产生用户黏性，最终的结局当然是以失败告终。创新能力是企业文化中关于人才观、上进心、老板的远见和做事的魄力的集中体现，如果一家企业能够长时间在整个行业内表现出非凡的创新能力，那它很可能最终成为这个行业的龙头企业。拥有创新能力的企业，基本上都是比较重视人才的，也大都能够吸引大量的创新型人才。而没有创新能力的企业，其创新型人才也会随着时间流逝而不断流失，并最终不再对创新型人才有吸引力，陷入恶性循环。

企业文化的行业特性

企业文化和行业属性有很大关系。比如制造业是重资产行业，它的研发、生产对人才和硬件成本的损耗都很大，并且市场趋势变化多样，一旦市场预判失误，会造成大量积压，导致现金流出现问题，这些都会影响企业文化，使得企业文化更加谨慎和严肃。另外，制造行业常伴有生产加工工厂，由于工厂里的工人数量多，很可能超过一家企业一半的员工比例，这就使企业在对待所有员工时，都会带有鲜明的对待工厂工人的特点，如五险一金的缴纳基数较低，有严格的出入厂区制度等。因为一家企业在管理员工时，很难做到把每类人群细分，只能针对占据企业员工数量主体的人群进行政策的制定。

再比如服装、珠宝、餐饮这类行业，呈现出科技依赖度较低、劳动密集型、主体员工文化水平不高的特点，使得行业整体的企业文化都不重视人才建设，在人才观上往往以节省人力成本、压缩员工正当权益来提升净利润率，如不为员工缴纳五险一金等，这使得更高层次的人才即使想进入这个行业，也很难被企业区别对待，这也就变相阻碍了行业对优秀人才的吸收。

行业发展的历史对行业内企业文化的建设也有重要影响。在中国，互联网行业被普遍认为是一个朝阳行业，扁平化管理，创始团队持股，表现好的员工有股票或者期权等，这些都已经成为互联网行业普遍的企业文化标配。一方面，互联网行业是一个重视产品和研发的行业，研发人才的高素质、高学历拉高了整个行业的薪资水平；另一方面，互联网行业早期的那批创业者，大多数拥有海归身份，他们从国外带来互联网风险投资的资本模式，也带来了国外互联网公司的企业文化，像谷歌、雅虎、微软则是他们最初学习的对象。这种学习包括商业模式、人才引进，以及对待人才的态度和整体的企业文化，而这种锐意创新和重视人才建设的企业文化，又反过来促进了中国互联网产业的飞速发展。

企业文化才是人才最大的机遇

分析一个人成功的因素有很多，家庭的支持、时代的机遇、商业的眼光、所能利用的资源等，但很少有人会去分析企业文化，或者说一个行业普遍的文化特性对于人才本身的重要性。在所有成功的元素中，人永远是第一位的。因为事情是人做的，而文化是人形成的，组织是人构成的，再伟大的事业也都是人干出来的。

正如你不能让迈克尔·杰克逊去打拳击，不能让拳王阿里去跳舞一样，只有从事自己热爱并擅长的事情才有可能成为天才，否则天才也会变成庸才。同样，对待事业也是这个道理，也许有表现欲的人不适合当公务员，却适合当演员；数学不好的人做不了算法工程师，却适合做销售管理。

和学习成绩、父母的职业、所学专业这些相比，性格更是一个能影响命运的要素。人与人之间其实并不存在互补，也许在客观上有专业技能的分工和配合，但从本质上来讲，要想建立长久的亲密关系，都需要互相欣赏且相互需要。即使性格上一静一动，但这只是表面的张扬和内敛，其内在审美和价值体系的一致性才是可以长期合作的文化基础。而所谓的企业文化和人才之间的相互吸引和留存，老板和人才之间的相互吸引和留存，也是一样的道理。

很多人认为钱多、事少、离家近的工作是好工作，如果单纯从付出和收获的性价比来看，是有一定道理的。但是，一个人如果能在和自己的价值观相匹配的公司工作，并由此真正获得收获和进步，不管是能力的进步还是财富和职级的上升，这种快乐绝不仅仅是钱多、事少、离家近这样的性价比所能比拟的。

03

我该如何选大学

我该如何选大学

文科好还是理科好

“读文科好还是理科好？”这是很多高中生和家长在面临文理分科时经常讨论的热门话题，而高考结束后，需要选大学和专业时，则会再次面临类似的“人生抉择”。等到了大学毕业后，是读研、考公务员、出国留学还是找工作？去一线城市找还是回老家找？社会选择的多元化程度和学生时代的选项相比，则又是另一个量级了。

人生的选择有路径依赖，前一个选择会影响后一个选择，因为一个选择所带来的知识积累、专业视野和人脉资源，都会形成你的优势和劣势，从而影响你的处境和之后的选择。人生在从学生身份向社会身份过渡的每个重要阶段，不论是初中升高中、高中升大学，还是从大学进入社会，人们所学的知识量都是呈指数级上升的，而所面对的可能选项也都是呈指数级扩大的，这种选择可能性的逐步扩大，既可能强化你曾经的优势，也可能对冲你曾经的优势，使选择的“正确性”变得随机和模糊起来，但人们总是希望从繁杂的现象中理出一条逻辑的脉络和主线，以帮助自己做出决策。

回到本文开头的那个问题，究竟什么是“好”，它的评判标准不同，如果我们讨论得太宽泛，就会让我们失焦。我认为大众语境下所谓的文科好还是理科好，指的就是以后找工作时，学哪科能让我们更容易就业和赚更多的钱。

在大学里，有很多细分的专业，但是总体概括也就以下几大类：文科类、理科类、工科类、医学类、体育艺术类。我们一般认为理科更偏向基础科学的理论研究，如数学、物理、化学、生物；工科更偏向科学知识的工程类应用，如计算机、电子通信、机械；还有的专业大类是理论和实践兼具，是科学知识的场景化应用，如医学，既能从事医学研究，也能成为临床医生。

理科类专业能够培养一个人较高的科学素养和学科逻辑，但由于学科性质偏理论，在商业社会的就业选择上，有一些专业并不一定会有很大的需求量，或者即使是有此类专业的需求量，要么是高端职业要求较高，要么是低端职位和从业者的预期有差距，如生物类专业就很典型。

虽然生物类专业几十年前就被认为是21世纪最有前景的专业，甚至有人把21世纪称为“生物学的世纪”，但实事求是地说，生物科学的学科突破和突破性的商业应用还是相对比较缓慢的。

比如名牌大学生物学类教职和国际知名医药公司的研究人员，可能大都需要名校博士背景，而且由于生物学研究本身很依赖于物理、化学、材料学或医学实践领域上的进步，使得这个学科的从业者将面临来自很多其他学科背景的人的竞争。即使不是名牌大学的生物学教职，从目前的就业情况来看，除非是大专高职类院校，否则即使是普通的本科类院校的教职，可能也至少需要博士学位，毕竟在大学的人力环境里，学历是一个重要的评定标准。所以，不管从哪个角度来说，理科类学生如果想在以后有更大的发展空间，尤其是进大学工作，读硕士甚至博士是一个很实际的选项。

工科类专业由于更加注重工程应用，无论在大学还是在商业社会，相对理科类专业来说都有较大的岗位需求量和就业场景。如果不想工作而想读研究生，尤其是能够去更高档次的学校读研究生，既可以做项目以此提升学科水平，还可以拿学历，这是一个不错的选择。当然，读个博士也可以，但这就涉及时间和收获的性价比问题了。

随着时代的发展，工科内部的分化是很严重的。比如2007年苹果手机发布以后，带来了持续十年之久的移动互联网的繁荣，使得本就火热的互联网使用场景再次得到历史性提升，因此在过去10年里，中国优秀的互联网开发人才都处于供不应求的阶段。如今人工智能的兴起，又使得语音识别、图形处理等算法类别的人才严重供不应求。

但像钢铁、机械、冶金类专业，由于中国整体钢产量结构性过剩，再加上基建、房地产业经过10多年高速发展进入相对饱和的状态，使得这几个专业的毕业生不再像曾经那么“风光”了。

文科的大类专业也分很多种，如法律财务类，会有一定的专业技能属性，文学、哲学类会更接近所谓的“纯文科”概念，而工商管理类则更偏于商科，经济学在学科实操上实际偏向理科。

总的来讲，如果文科类专业的学生毕业以后不打算当老师、做学术研究，他所需要注重的既不是理论也不是工程，而是社会实践。所以，我一直认为，文科类专业的学生如果考研考的不是名校，对就业本身来说意义不大，当然打算继续读博就另当别论了。

表 3-1　2016 年城镇非私营单位就业人员分行业年平均工资

单位：元，%

行业	2015 年	2016 年	名义增长率
合计	62029	67569	8.9
农、林、牧、渔业	31947	33612	5.2
采矿业	59404	60544	1.9
制造业	55324	59470	7.5
电力、热力、燃气及水生产和供应业	78886	83863	6.3
建筑业	48886	52082	6.5
批发和零售业	60328	65061	7.8
交通运输、仓储和邮政业	68822	73650	7.0
住宿和餐饮业	40806	43382	6.3
信息传输、软件和信息技术服务业	112042	122478	9.3
金融业	114777	117418	2.3
房地产业	60244	65497	8.7
租赁和商务服务业	72489	76782	5.9
科学研究和技术服务业	89410	96638	8.1
水利、环境和公共设施管理业	43528	47750	9.7
居民服务、修理和其他服务业	44802	47577	6.2
教育	66592	74498	11.9
卫生和社会工作	71624	80026	11.7
文化、体育和娱乐业	72764	79875	9.8
公共管理、社会保障和社会组织	62323	70959	13.9

数据来源：国家统计局

城市和专业的关系

在不少人的潜意识里，都存在“学好数理化，走遍天下都不怕”的观点，他们认为理科好找工作，靠技术吃饭，不用拉关系，容易取得成功。

从某种意义上来讲，这种观点是正确的，但需要有前提，那就是选对专业和行业。当然，在选对专业的前提下尽量考一所好学校作为提升起点，也是影响未来发展的一个因素。所以，“学好数理化，走遍天下都不怕”的前提是：好学校，好专业，好行业。

如果通过简单划分来区别中国不同等级城市之间的产业格局，一线城市就是企业总部聚集地，不管是国企、外资企业中国总部，还是各行各业的强势民营企业，总部大多是以投融资金融、产品研发和营销职能为主的。二、三、四线城市的公司结构一般是以地方性国企和地方性民企为主，根据不同城市的市场规模，还会分布外资企业和全国性民营企业的地方分公司，但这类分公司一般是以企业的地方销售职能为主。如果是大学密集、人才储备较好的省市，则可能有地方性的研发中心。当然，二、三、四线城市或其郊县地区，还会分布大量的区域制造中心，也就是工厂。

表 3-2　2018 年春季求职期平均薪酬城市排名

排名	城市	平均薪酬（元）	排名	城市	平均薪酬（元）
1	北京	10197	20	福州	7005
2	上海	9621	21	长沙	6988
3	深圳	9134	22	无锡	6879
4	杭州	8500	23	济南	6860
5	广州	7965	24	合肥	6849
6	东莞	7723	25	南昌	6768
7	宁波	7680	26	郑州	6704
8	南京	7523	27	天津	6622
9	佛山	7483	28	青岛	6591
10	苏州	7411	29	兰州	6577
11	厦门	7363	30	西安	6381
12	乌鲁木齐	7281	31	大连	6288
13	海口	7205	32	石家庄	6274
14	南宁	7202	33	烟台	6239
15	重庆	7177	34	长春	6114
16	武汉	7082	35	太原	6045
17	成都	7061	36	沈阳	5901
18	昆明	7053	37	哈尔滨	5818
19	贵阳	7043			

数据来源：2018 年 3 月 29 日，智联招聘发布《2018 年春季中国雇主需求与白领人才供给报告》

每个地区的资源禀赋也是不同的，如云南有旅游资源，山西有煤炭资源，新疆有石油资源等，这里不做具体分析，但是有一点需要说明，旅游资源的财富分配相对来说会更加普惠型一些，开个饭店、客栈，运送游客的线路车等，即可参与产业资源的财富分配。而能源矿产型资源，则更多是国有资本或大型民营资本在运营，这两者对于参与者的财富分配机制是不同的。简单来说，就是旅游类资源能让你创业容易些，至少可以当个个体户；而能源矿产类资源，你恐怕只能做个打工仔。

那么，不同等级、不同类型城市的产业分布和公司结构对于个人的专业和就业选择有什么影响呢？

宏碁电脑老板施振荣曾提出过“微笑曲线”（图 3-1）这一理论，在这个“U”字形中，从左往右，是产业链的上下游，从研发到生产再到消费端的品牌和服务；而从上到下，则是价值链的上下游，即研发和品牌服务占据了价值链的上游，生产制造则是下游。

一线城市是研发和营销总部，就是微笑曲线的两端；二、三、四线城市是制造工厂所在地，也就是微笑曲线的下端。而各省市销售分公司，则是渠道和终端，就好像人的腿；营销总部负责品牌和营销战略制定，就好像是大脑。

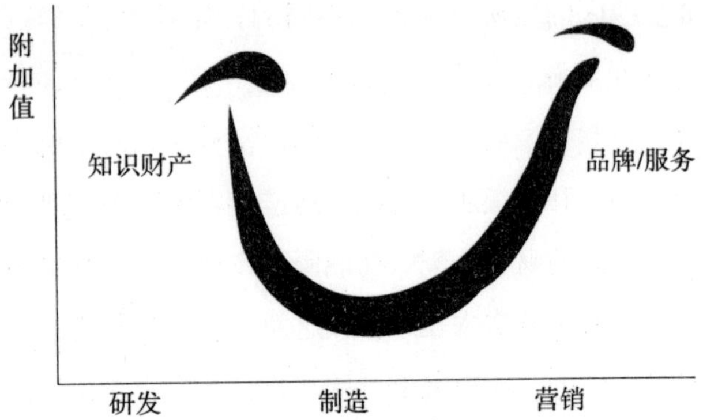

图 3-1　微笑曲线

所以，我们可以看到，除了好专业、好学校、好行业以外，城市本身的产业因素对择业和职业发展也会产生巨大影响。比如你考上了一所位于西部地区的“211”大学，学的也是热门的计算机专业，你想毕业以后留在这座城市，那学计算机就不是一个最好的选项，因为西部地区的 IT 产业聚集度不够高，似乎也没有多少大型科技公司在那里建立研发中心。

由此可见，学校、专业、行业的选择很重要，但这些都是在“城市”这个大前提下的后置选择。当然，这并不意味着二、三、四线城市没有就业和创业机会，每个行业的特性是不同的，每个城市也有自己的优势来形成相关的产业。

房地产行业就属于一个地段资源型行业，即使最大的几家房地产开发商的总部差不多都在一线城市，但是房子是要盖在地上的，三、四线城市的房子不可能盖在一线城市。所以，在全国各区域的中心城市，都会形成相对完善的房地产产业链，也会形成各区域内相对比较强势的本土开发商，因此像房地产行业，总部职能的优势就会小很多。

但是，互联网行业就不一样了，它不是一个资源型行业，而是一个行业集中度非常高的行业，对资本的先进度和规模，还有人才的储备都有极高的要求，因此我们看到几乎所有的大型互联网公司和绝大部分独角兽公司都在一线城市或者杭州。所以，互联网行业的总部优势或者至少是一线城市公司的优势都会大很多，不仅是薪资、晋升空间方面，还有所能学到的行业知识、行业人脉和未来的创业空间。

“曲线救国”，从一线到二线

去一线不是目的

有一个网友在微博上给我留言：“年轻人去深圳发展，思路是对的，但如果家庭条件一般，奋斗 10 年也攒不齐首付，在深圳买房无望，回老家没有相应的岗位。这部分人该何去何从？”我觉得这个网友的留言很好，他提了一个很典型的问题，这个问题困惑了很多人。

想要解决这个问题，就先要明白一个道理：一个人不管是去一线城市，还是留在省会，或是留在乡村，去哪里本身不是目的，目的一定是将来能获得幸福美好的生活，所以去一线城市只是达成这个目的的手段。

对于三、四线城市甚至是乡村的孩子来说，如果家庭不能给予更多的帮扶，包括婚姻、就业关系等，那去省会城市依然是买不起房，依然是远离家庭，依然不容易获得更好的就业机会，还不如索性去一线城市闯荡一番。而那些在三、四线城市中有一定家庭财力和人脉积累的孩子，就不一定非要去一线城市。

这又回到文章开始那个网友提出的疑问，现在一线城市房价确实太高了，买房定居是个现实问题，落户同样是个现实问题，尤其是子女到了入学年龄时，落户难题就变得更加紧迫。

所以，我认为年轻人在选择城市时，既要考虑工作机遇，也要考虑将来在这个城市的留存成本，比如获取这个城市居民福利的难度、房价的高低，甚至周边都市圈的繁荣程度，这些都会影响你未来的婚姻、置房、子女教育和生存生活的周旋空间，从而影响到你未来在这个城市的留存。

比如同样是一线城市，从目前来看，在深圳、广州获取城市居民福利的难度远低于上海和北京，这就在无形中降低了这个城市的留存成本，因为这个成本在未来可能会影响你是否能买房，是否能让子女顺利入学，甚至可能影响你未来的养老医疗等福利待遇，这些都构成了你对一个城市选择的性价比。

如果你已经不是年轻人，错过了选择城市的机会，而且确实因为居民福利问题和房价问题不得不离开一座生活多年的一线城市时，你依然可以有很多种选择，比如去另一个同样有很多工作机会的一线城市。对于很多人来说，从京、沪来到广、深就是一个非常划算的选择，既可以继续留在一线城市生活和工作，也能因此比较容易地获得居民福利待遇。

如果是因为房价问题，广州相较京、沪、深会低一个档次，也可以像很多在深圳买不起房的人一样，在东莞、中山、佛山或者惠州就近买房，这样既可以享受在深圳的工作机遇和工资收入，又可以获得房产的资产保值，也为周末假日、退休后的生活、子女教育和父母养老等预留了空间。东莞、中山、佛山等城市虽然不比北上广深，但也是经济活跃的沿海城市，其本身的就业和创业机会其实也不错，并且和广州、深圳的产业紧密相连，去那里工作创业，也能很容易利用上之前工作积累的资源。

表3-3　2017年中国主要城市房价工资比排行榜

排名	城市	房价（元/m^2）	平均工资（元/月）	房价工资比（%）
1	北京	67951	9942	6.83
2	厦门	44235	7452	5.94
3	深圳	46879	8892	5.27
4	上海	48384	9802	4.94
5	天津	26687	6733	3.96

续表

排名	城市	房价（元/m²）	平均工资（元/月）	房价工资比（%）
6	南京	26127	7342	3.56
7	广州	26453	7996	3.31
8	福州	21979	7073	3.11
9	杭州	22934	7608	3.01
10	石家庄	15561	6413	2.43
11	武汉	15716	6769	2.32
12	青岛	15405	6651	2.32
13	济南	14800	6487	2.28
14	合肥	14495	6684	2.17
15	苏州	15728	7548	2.08
16	郑州	13574	6692	2.03
17	宁波	13259	7680	1.73
18	东莞	12242	7862	1.56
19	大连	10263	6631	1.55
20	南昌	9824	6669	1.47
21	无锡	10068	7021	1.43
22	成都	9758	6941	1.41
23	兰州	9412	6704	1.40
24	佛山	10782	7873	1.37
25	哈尔滨	8002	5915	1.35
26	太原	8463	6355	1.33
27	长沙	8795	6660	1.32

续表

排名	城市	房价（元/m²）	平均工资（元/月）	房价工资比(%)
28	昆明	8900	6862	1.30
29	海口	9421	7407	1.27
30	西安	7556	6197	1.22
31	烟台	7406	6274	1.18
32	重庆	8226	6971	1.18
33	南宁	8146	6964	1.17
34	沈阳	7148	6367	1.12
35	长春	6778	6090	1.11
36	乌鲁木齐	6665	7095	0.94
37	贵阳	6406	7023	0.91

数据来源：中商产业研究院

如果这些城市都不是你想选的，你就想找一个离家近的，那可以回老家省会。但我认为，即使是选择从一线城市回省会城市，最好也要综合考虑城市的发展潜力、就业的机遇、房价和工资收入等，而不应该为了离家近或离父母近就一味地迁就城市的选择。因为从长远的眼光来看，更有发展潜力、经济格局更大的城市，一定会带来长期的职业回报和福利回报，不管是对你自己还是对你的子女。老家只是一个情感纽带，你和家人在的地方就是家，如果舍不得父母，可以把他们接到你居住的城市。

我上面讲述了各种从一线城市移居的可能性和各自的优缺点，却没有完整回答那个网友的问题，因为“回老家没有相应的岗位”也是一个问题。我认为，一线城市的职场经历所带给你的职业溢价，即使回到二线城市也是用得上的，当然，如果你非要回县城，那里确实没有相应的就业岗位提供给你。

通过观察中国目前的经济格局可以发现，二线城市，尤其是强二线城市发展的势头还是很不错的。在职场中，从一线城市回到二线城市，就相当于你留学归来，你是从一个各行各业的商业模式都更先进的地方来到了一个相对落后的地方，所以你是有机会获得更大的重视和更好的职位及待遇的。

现在很多二线城市的公司在招聘某些重要岗位时，都会备注上一些条件，比如“一线城市同行业工作经历优先”“沿海城市工作经验优先”或“行业领先企业工作经历优先”。也许在二线城市，即使你受到重视，薪水也不一定比在一线城市高，但在当地的工资水平中应该算是高薪，而且你是带着在一线城市积累多年的积蓄和工作经验回来的，无论是就业、买房，都会从容得多。

还有一个问题就是，当你从一线城市回到二线城市，可能确实没有一模一样的岗位，但我相信类似职能的岗位机会还是有很多的，比如你以前在深圳的某些大公司做营销，你回到二线城市确实没有这么大的公司，但你可以尝试去房地产公司、汽车 4S 店做营销，或者是当地的特色产业，如大型的餐饮企业做营销。

记住，去一线从来不是目的，目的永远是能够获得美好幸福的生活，哪里能实现这个目的，哪里就是好地方。

回二线不是失败

在很多来一线城市打拼的人的潜意识里，如果离开一线城市就意味着“失败”，而在那些从没来过一线城市工作，一直生活在二、三线城市的人的潜意识里，也有类似的观念。

在我看来，观念应该服务于你，而不应该是你服务于某种观念，让观念成为你的负担。虽然我一直鼓励年轻人应该去一线城市闯一闯，但我并不鼓励一个人无论如何都要一辈子待在一线城市。网络上有一些人认为哪怕再苦、再累、再穷，也必须耗在一线城市，否则你的孩子还会重复一遍你的经历，虽然他们说的有道理，但有道理并不代表对。

在生活中，有很多东西没有绝对的对错之分，因为人生不是一道数学题，在很多时候，人生反而更像是一道心理学题，很多事物的发展，是超出你的预期和计划的，是超出理性和逻辑设定的。

深圳是中国房地产市场化的排头兵，甚至可以这样说，中国的房地产市场化是从深圳开始的，相对来说，房地产的配套产业——房地产广告行业也是从深圳崛起的。在房地产广告行业里，最初只有几家知名公司，比如黑弧奥美、风火、博思堂和长城盛花，而整个中国的房地产广告公司的老板，大部分都是从这几家公司出来另立门户的。

当年火爆的深圳房地产广告业，吸引和培养了大量的房地产广告人才，而相当多的老板来到深圳后，也是抱持“扎根深圳”的观念，继续在深圳开公司。与此同时，中国二、三线城市的房地产市场化开始高歌猛进，市场更加广阔，项目更多，竞争还少，而深圳本地的项目却越来越少，竞争对手越来越多。

于是，就出现一个有意思的现象，当年想留在深圳，却被公司派到成都、重庆的年轻人，反而因为没能留在深圳而“因祸得福”，因为他们收获了一个更新、更大的市场，且竞争对手少，他们成为这个领域最专业的人才。而当初成功留在深圳的那些人，却经营得相当痛苦，不少已经濒临倒闭。

我特别喜欢搜狐创始人张朝阳的一句话，他说："一个注定跨过太平洋的人很可能会在小河沟里翻船。"同样，即使你有一天离开了一线城市回到二线城市，我也依然认为你有可能跨过"太平洋"。

区域型行业和行业集中度

行业集中度的区别

互联网行业的兴起向我们展现了一种全新的商业逻辑，即跨越地域区隔，就可以在线上运营全国范围甚至全世界范围内的用户的商业模式。这种商业模式标志着过去的商业经验中一个从未出现的结果开始显现，即一旦确立大规模的用户基数，便可能完成行业垄断，形成赢者通吃的局面。而且这种垄断并非依靠行政力量得来，而是通过市场竞争获得的垄断地位。

在互联网领域，我们经常会看到各个垂直领域在经过两三年的残酷竞争后，最多只有三家能够形成规模，并且第一名会形成垄断地位，获得超额利润，它所获得的利润甚至会是行业内排名第二到第九的利润总和。在传统行业，这种现象很少出现，即使有某家公司曾经形成行业垄断，但随着竞争对手的加入、研发力量的积累和产品形态的变化，这种垄断地位就会不断被消解。比如在房地产行业，即使像万科这样在行业内数一数二的大开发商，所占房地产市场份额也不过比 3% 多一点儿，房地产行业的前 10 名也只占据了整个行业市场份额的 20% 左右。而在互联网行业，无论在电商、社交、搜索还是游戏等领域，第一名几乎都会占据 60% 以上的市场份额，并且一旦垄断地位确立，形成社会性平台，其竞争优势就很难被消解，还会凭借其垄断优势延展出更多的商业模式。

之所以会产生如此大的区别，主要原因有两个。一是线下传统行业的资源本身就是分散的，区域性很强。石油、煤矿、电力和房地产这种资源型行业不必多说，就算是消费品零售这样的 C 端导向的行业，由于渠道的区域性和房地产属性，依然会体现出很强的区域特征，所以很难像互联网行业一样进行统一的资源整合和运营。

另一个原因，是很多传统行业天然依附于渠道的发展，依赖于采购方生存。而不同地区的采购方是不一样的，文化、房地产、金融和技术上的政策和需求都不一样。这既是不同地区的行业壁垒，也会造成不同公司的优势差异，这就意味着在很多行业里，即使不是全国知名的公司，也可能在某一个地区内获得竞争优势。

以上两点导致区域性强的行业都呈现出资源占有属性强和行业集中度较低的特征。区域性强的属性是一柄双刃剑，既可能因此需要更多的行业资源和人脉积累，也可能因此在进入其他地区的市场时遇到意想不到的困难。但它也有好处，就是每个地区多多少少都有一些本地区域性很强的好行业，比较适合创业，而且在区域内获得行业资源后，依附性的商业模式容易成立，创业成本也较低。

比如旅游业就是一个区域性非常强的行业，而且是个普惠型的行业，投资小，可循环发展，且进入门槛不高，只要有得天独厚的自然资源或极具特色的历史人文资源，就会获得某种程度上的竞争优势，因此可以说是“藏富于民”的行业。

旅游不仅仅有景区生意，配套的住宿、交通、餐饮和旅行社，都是这条产业链上的一环。当然，由于旅游行业自身的供应链比较短，非常分散，即使在同一个地区，也很难做到垄断，但分一杯羹还是不难的。比如，在浙江莫干山、云南的大理和丽江这类旅游景点火爆之前进入市场，以一个较低的价格签约物业，就可以极大降低经营成本，并获得先发的经营优势。

再回到互联网行业，我们都知道现在的互联网是热门行业，发展得很好，但互联网是一个集中度非常高的行业，不仅体现在市场份额的集中度高，在人才、资本的集中度也很高。说互联网行业发展得好，其实是在说北、上、广、深这些一线城市互联网发展得好，而二线城市里也只有杭州和成都发展得比较好，因为虽然所有人都在用互联网，但是二、三线城市的人更多的只是以使用者和消费者的身份接触互联网，而不是以产业参与者甚至是产业规则的制定者的身份参与行业游戏。

所以，互联网产业是一个高度集中于一线城市的产业，如果你想从事互联网行业，只能去一线城市或者杭州、成都，其他城市可能只有一些产业发育不完善的创业公司，或者是销售代理商或销售型公司，而且与同处一线城市的同类型公司相比，在人才和资本方面也很难有竞争优势。

为什么很多行业解决不了行业集中度的问题

上学时，一个朋友曾和我说过他毕业后的理想：开一家美容美发店。据他观察，这个行业没有统一的品牌，没有垄断，具有很大的市场机会。我承认他说的是对的，但美容美发行业之所以会出现这种现象，肯定不是因为这个行业没有人想统一品牌，没有人想垄断，也不是没有人想进行整合，而是由这个行业本身的特性决定的，这就是一个分散型、区域型、集中度非常低的行业。

美容美发行业是一个刚需行业，品牌定位决定了价格、客群和毛利，但无论怎么定位，无论价钱贵贱，都会有相应的人去消费，而且这个行业技术门槛和资本门槛都较低，毛利率足以支撑开店的成本，这就决定了这个行业一定是一个行业集中度很低的行业。

有的人会说，如果一个亿万富翁把这个行业大部分的店都收购了，那这个行业的集中度岂不就解决了？岂不就可以形成全国性的统一品牌，乃至形成垄断？这里又涉及一个投资回报预期的问题，如果这个假设真的成立，投资后真的能赚很多钱，那早就有人去投资了，但是并没有。这说明至少在目前，这个大一统的品牌操作模式对于这个行业来说，是不划算的。

有些行业以碎片化的模式运营，可以有效降低管理成本、营销费用和整体的运营成本。即使赔了，也是碎片化、分散的风险分担；如果赚了，对于碎片化的商业模式是足够养家糊口的。盲目地扩大规模，边际收益就会下降，规模大到一定程度，边际收益可能就无法抵消成本了。

当然，不能有效地进行全行业的整合，不代表不存在发育程度更高的操作模式，即使是在餐饮、美容美发和教育培训这样典型的低集中度行业，依然可能出现一个大的区域型企业甚至全国规模的企业，只是离垄断市场的大部分份额还差很远。

在我看来，一个行业的特性具有几个要素：资本密集程度、行业集中度、人才密集度、劳动力密集度、资源占有度、供应链程度、红利窗口期和产品特性本身，这些要素决定了一个商业模式在一个行业内的潜力。除此之外，国家政策、地方政策、国际宏观形势，尤其是资本状况，也会对行业产生巨大的影响，也是一个行业在特定时期内发展变化的变量。

对一个行业而言，所有的成本从本质上来讲都是壁垒，门槛越高，则壁垒越高，这件事也就越难做，但如果做成了，抗风险能力就会越强，利润红利越大。而成本越低，门槛越低，则壁垒越低，这件事就相对容易一些，但同时这个商业模式的抗风险能力也会下降。

比如开美发店，门槛并不高，主要是店租成本和装修，还有人员成本、水电费等经营费用，这个行业的经营能力主要体现在选址、定位、服务意识和理发师的技术水平。但假如说在某个高端小区附近的理发店，恰巧遇到商铺拆迁或整改，或者房租上涨过快导致成本过高，面临迁址，这时其之前的商誉积累就会受到很大影响，从某种程度上来说，一切都需要从头再来。

再比如一些资本密集程度更低、行业集中度更低，类似个体户性质的行业，例如摄影师，除了器材的成本，绝大部分的成本在于个人时间的付出和行业定位。一方面你的专业技能水平需要很高，另一方面你要定位好，因为摄影师提供的摄影服务是依附于某个甲方行业的，这个时候，定位就和所依附的行业息息相关了。

当然，这个定位也不是你想定就能定的，不然所有人都去定位拍汽车广告，拍名人肖像，这是不现实的，因为行业容量没这么多，而且如果某个领域的摄影师供应量过大，价格也会因为恶性竞争而下降，所以定位在很大程度上也取决于行业资源和运气。

无论一个行业集中度是高还是低，都有好处和坏处。好坏的评价本来就是一种观点，而不是一个事实，它来自你的立场和角度，只是你需要在做一件事情，尤其是在创业之前，把各种问题多思考一下。

放开你的视野：全球化择业的时代

全球化背景下的人才选择

“全球化”并不是一个新鲜的词，但对于中国来说，在过去、现在及将来，全球化却有着完全不同的语境，尤其是在对于人才的择业方面。

中国处于改革开放初期时，资本相对匮乏，主要是利用外资来投资国内的生产能力，也就是所谓的“引进来”。从最初的“三来一补”模式的代工加工业，到可口可乐、宝洁、联合利华这类快消品企业的进入，再到后来诺基亚、大众汽车等国外知名企业在中国投资建厂，成立合资公司，外资将中国作为主要目标市场经营，并为当时的职场白领提供了工作岗位。曾几何时，“外企”在中国的职场中都是一块金字招牌。

随着中国加入世贸组织，在基础生产能力提升和劳动力成本优势的影响下，中国外贸出口产业开始腾飞，“外贸人”也曾是火遍珠三角和长三角地区的“网红”职业。但是，这个阶段，中国主要还是利用价格优势向外出口商品，商品的科技含量不高，民族的品牌性较弱，这一阶段的大规模资本输出，更多的是与全球的能源和矿产产业分工相关，比如中石油等企业进入中东、苏丹和委内瑞拉。

如今，随着国力的增强，中国的全球化语境已经发生了巨大变化，中国已经成长为资本大国，进入到企业的品牌和资本输出阶段，甚至中国的民营企业也开始成为国际化的主角，比如小米、OPPO 和 vivo 在印度和东南亚扩张并投资建厂，华为在非洲、中东甚至欧美的品牌和产品输出，而东南亚一些国家里发展比较大的互联网公司背后几乎都有腾讯、阿里巴巴的投资身影。

这一系列的变化，让中国的年轻人有机会进行更大范围的全球化择业，并且择业范围不再仅限于能源、通信、基建工程类的生产和建设，也不再仅限于学习理工科的技术性人员，因为一个国家或企业的品牌和资本输出，不仅仅涉及工程建设，还需要了解当地市场、风土人情和营销方式，这就为文科类、管理类和市场营销类的人才提供了更多的择业机会。比如我就认识通过校招被 vivo 派到菲律宾开拓市场的职场新人，还有曾为传音在非洲立足时开拓市场的主管，这些年轻人在异国他乡，为中国企业的全球化贡献了自己的青春和一份力量，同时也收获了属于他们的、与众不同的人生经历和职业财富。

虽然我鼓励年轻人尝试海外的工作机会，体验不同的发展机遇，但我也不得不提醒年轻人，不要把海外工作想象成每天当“空中飞人”，晚上住五星级酒店，过着光鲜体面的生活。任何工作，都有其需要克服的现实困难和需要跨越的工作门槛。

想要去海外工作，首先需要解决以下四个问题：

一、克服语言关，不光是会英文就够的。虽然在大部分海外国家都可以通过英语搞定工作上的事情，但你不可能24小时都在工作，你在休息时可能会去外面接触一下当地的风土人情。在那些相对落后一些的国家或地区，教育水平普遍不高，你所接触的本地人不一定会英语，出门打车、旅行、购物时就会遇到很多麻烦。

二、海外的风土人情、宗教信仰和生活细节，需要时间去学习和习惯。当你用一两年的时间学习、适应了一个国家的文化后，最好再在这个国家多待几年，好好利用自己已经学到的东西，否则每当你适应一个国家或地区的文化后就离开那里，对你职业的积累没有任何好处。另外，每个国家都有自己的医疗政策和金融体制，看病、拿药、办银行卡、汇款等这些琐碎的生活细节，在中国对你来说可能不是问题，但是在海外就需要慢慢适应了。所以，从生活习惯和职业积累的角度而言，对于那些长达一年甚至两年以上的海外常驻性质的工作，最好提前考虑清楚，自己是否愿意一两年后依然在那儿长期发展，毕竟长时间的职业积累、人脉积累和行业资源积累才是职业产生跨越式进步的动力。当然，如果只是短期出差或外派，完全可以当作体验生活和长期旅游，就不存在这个问题了。

三、海外，尤其是中东、非洲，甚至东南亚的一些国家的治安状况可能会出乎你的意料。在一些国家，警察白天都会荷枪实弹地在街上巡逻，而到了晚上，则很少有人单独外出。所以，在前往这些地区工作之前，先要提高自己的安全防护意识，并且对这种治安状况下的生活有心理准备。

四、在异国他乡，最重要的是学会克服孤独感。由于文化、宗教、治安等种种原因，在海外工作时的人际交往面肯定不如在一个熟悉的文化环境中，因此在去之前需要做好很可能长时间接触的就是一起工作的这几个人的准备。孤独感是一种需要克服的感受，也需要学会为自己找事情做，找东西来学习，找朋友交往，以此来让大量的非工作时间更有价值地度过。

全国择业时代的选择

在生产力低下的农业时代，由于剩余商品有限，导致商品贸易的发展缓慢。工业时代使商品的大规模生产和加工进入到前所未有的繁荣阶段。跨国企业的全球化带来了资本、生产和市场的全球化，互联网将这一切的效率又提升到一个前所未有的水平。

人们开始挣脱土地的束缚，去自己想去的地方，这也就促进了现代都市文明的繁荣。相信很多人都经历过不止一次的工作迁徙和生活迁徙，就拿互联网行业为例，从北京到杭州，从杭州到深圳，从深圳到广州，人才的流动和迁徙变成了一件司空见惯的事情。

在当今社会，人们迁徙的理由变得多样化，迁徙的状态也绝不再仅仅是因为现实生活的不如意，而要前往其他地区寻求更好的职业机会。比如我曾有个同事，40 多岁，早已实现财务自由，在深圳住着几千万元的豪宅，仅仅因为父母不想来深圳生活，她就和老公放弃了深圳的高薪工作，一起辞职回了成都。迁徙理由的多样化正在让这个时代和各个城市更加多元化、更具有人才竞争力，也为各个城市提供了对外地人更加包容的城市文化氛围。

表 3-4　2017 年热点城市净流入人口数

城市名称	2017 年末	2016 年末	净流入人口（万人）
深圳	1252.83	1190.84	61.99
广州	1449.84	1404.35	45.49
杭州	946.8	918.8	28
长沙	791.81	764.52	27.29
西安	905.68	885.53	20.15
武汉	1091.4	1076.6	14.8
宁波	800.5	787.5	13
成都	1604.47	1591.8	12.67
贵阳	480.2	469.68	10.52
合肥	796.5	786.9	9.6
石家庄	1088.99	1079.46	9.53
福州	766	757	9
厦门	401	392	9
南京	833.5	827	6.5
苏州	1068.4	1062.57	5.83
海口	227.21	224.6	2.61
上海	2418.33	2419.7	–1.37
北京	2170.7	2172.9	–2.2
天津	1556.87	1562.12	–5.25

数据来源：新华指标微博

从个人的角度来说，保持迁徙力也是保持个人竞争力和更好地追求美好幸福生活的重要手段，没有任何办法能比换地方更直接和彻底地改变你周围的环境，环境的改变意味着就业机会，意味着运气，意味着生活成本的变化，但是人们却往往忽略掉这一力量。

由于产业的发展在时间的维度上有纵深发展、越来越成熟的特征，在地理的维度上也会呈现出从发达地区向欠发达地区扩散的特征。比如 20 世纪八九十年代，深圳和东南沿海吸引外资，制造业属于支柱型的行业，但随着深圳的营商成本提高，制造业开始向中西部迁徙。如果你是制造行业里的一名高管，你就有机会跟随着产业的迁徙而迁徙，并长期保持产业的竞争力，而留在以前的地方，就会面临中年转型的危机。

现在二、三线城市的很多产业，其实有相当一部分是从一线城市迁徙回去的，比如广告业、房地产业、互联网业的众多从业者，他们的职业道路也代表了一种选择的可能性和机遇。

不管是全球化择业，还是全国化择业，我一直鼓励年轻人可以用更开阔的视野来看待择业和生活的地点，不要拘泥于太过原则性的传统观点。

外语技能的优势和误区

会外语就能有高薪吗

在中国，很多人对外语存在一些既有的观念，比如：会外语就能拿高薪；小语种人才稀缺，所以赚得多；会英语的人太多了，所以不要学英语了……其实，学外语到底有什么用谁也说不清楚，因为是否有用也要从不同的角度来看，看你希望它有什么用。

从上学的角度来看，只要是考试科目，尤其是高考考试科目，当然都是学得越好，成绩越好，外语也不例外，只要它还在高考考试科目里，考满分和刚及格对你的升学肯定会有不同的影响。

目前很多大学的非外语专业都需要英语过了四级才能拿

到毕业证，而且在一些专业里，外语是突破你在本专业或行业能力层次的核心技能之一。外语不好，不会影响你在国内就业，你同样可以达到一个专业或行业的平均甚至中高等收入水平，但如果外语过硬，你可能有更多的机会参与行业内的国际分工。

抛开学习成绩、就业和薪水等问题不谈，我觉得一个人从小到大，尤其是在学生时代，在有机会、有时间、有能力的情况下，真的是应该在外语课程上下功夫，因为语言从本质上来讲不仅仅是沟通工具，同时也是思维方式和表达逻辑。在一生中有机会熟练而流利地进入另一个语言及文化环境中学习和思考，这本身就是一种经历和幸福，即使它没能带给你更高的薪水和更优越的生活，也不能抹杀这种幸福。

当然，我们不能要求每个人都带着崇高的理想主义去学习外语，毕竟学习任何东西都是需要时间成本的，尤其是在你离开学校进入工作岗位以后，需要节省出“赚钱的时间”去学新鲜的事物，想要获得现实的回报也是人之常情。

小语种人才稀缺，所以赚钱就多吗

我们一般把除了英语以外的其他外语都称为小语种语言，从现实功利的角度来讲，英语和小语种的就业生态完全不一样。

小语种之所以被称为小语种，不仅仅是会的人少，更主要的是用的人也不多，这就意味着应用这种语言的场景，尤其是在国内应用这种语言的场景会非常少，即使有，也会非常聚焦。

所以，我们不能从国内会某种语言的人有多少来评判会这种语言的人才数量是不是稀缺，而应该从会这种语言的人数和人才市场需要会这种语言的人才数量来对比判断，如果有一种语言全世界只有你一个人会，那你肯定找不到相关的工作，因为不会有第二个人和你说这种语言。

我认识一些会印地语的朋友，对于中国人来说，印地语是小语种，虽然印度有十几亿的人口，但它的经济体量小、人均收入低，而且和中国在政治、经济及文化方面的交往远远比不上英语系国家。所以，在我认识的这些朋友中，有几个长期在印度工作，不太敢回国，因为国内和印地语有关的工作岗位实在太少了。而另外几个在国内工作的运气不错，在某知名企业就职，因为这家企业恰好这几年和印度有业务往来。但一个朋友私下里和我说，他曾无意中听到过领导的讨论，说不用给他们涨薪升职，理由竟然是反正他们也不好找工作，不会离职的。

我这些朋友的遭遇恐怕代表了相当多的小语种人才所面临的窘境。一方面，政治、高端商务类型的小语种岗位要求都比较高，比如外交部工作人员、同声传译等；另一方面，一般性的商务活动不仅很难保证高收入，连就业机会也不是很多。

如果想单纯地以语言优势获得好的工作机会，则这个语言优势必须非常明显，比如名校毕业，比如专业能力过硬。只有这样，才能匹配那为数不多的政治或高端商务活动的语言需求，而更好的解决思路当然是有外语优势加上某种其他专业技能，结合起来获得比较优势。

比如上海外国语大学，虽然是传统的外语强校，但它对财经方面人才的培养也获得了市场的认可，在上海的外资银行经常能够看到上外的校友。懂外语，同时在财务或法律方面达到一定的水准，可以对接国际市场，则会接触到更多的商务应用场景。

但是，这又出现一个问题，在国际市场上，主流应用语言依然是英语，毕竟全世界的主要发达国家大部分都是英语系国家，即使不是，他们对接国际市场的人也往往会英语，所以英语在国际市场的应用场景又被扩大了。

外贸和跨境电商是外语人才就业的重点行业，确实可以比较好地应用到所学的语言优势。但从严格意义上来讲，外贸和跨境电商的工作的核心性质与销售类似，该领域的从业者在某种程度上可以看作是说着外语的销售员，所以即使你会外语，还要考虑一下你愿不愿意做销售，毕竟不是每个人都适合做销售，也不是每个人都喜欢做销售。

学习小语种，如果一定要坚持做和小语种专业有关的工作，就应该做好在母语国家工作的准备，毕竟那里是语言场景应用最多的地方。

英语是最重要的外语，没有之一

如果在时间和精力不充足，只能学一门外语的情况下，我相信大家一定会选择英语。英语不仅在学校里重要，即使在社会上，各类成人英语培训班也层出不穷，从某种程度上来讲，成人英语培训班是一门“希望生意”，即利用了相当多英语不够好，而又觉得英语重要的人想学英语，却没有英语老师和英语学习环境的痛点。“能够省力地学好外语”是他们主打的卖点，所以我认为这是一门“希望生意”，给人一种能够省力地学好一门外语的希望的生意。

有些人能够学好那些需要理解力和思维方式很强的学科，比如物理，却学不好英语，我认为原因只有两个：一是没下功夫，二是方法不对。

在中国目前的教育体系内，想要把英语考出一个好成绩，我认为智力方面的因素不大，主要是下功夫和方法的问题。当然，下功夫本身就要求每天为英语学习投入时间，还有注意力是否集中等，其实就是个自制力和学习习惯的问题。而很多聪明的小朋友因为英语学习方法有误，导致成绩长期受挫，自然对英语学习产生不自信，进而放弃了学习方法的改进和探索，于是停滞不前，造成恶性循环。

学习中文的前提是认字，如果不认字，就不可能看懂任何文章，不可能读懂语境，更不可能会做题。同样，学习英语的前提是词汇，如果词汇不过关，想要学好英语则是枉然。所以，对英语应试来说，一半时间背单词，一半时间做题，而且需要每天坚持，每天拿出一定量的时间来复习和做题，这种外语学习习惯是非常重要的。

所以，对英语学习来说，只需要能够持之以恒，每天在循环中前进，一点点积累，这对学习时间和学习习惯提出了很高的要求，这就是“下功夫”。

前面提到，英语学习同样讲究方法，否则就会陷入恶性循环。很多人喜欢拿整块的时间背单词，比如半个小时甚至几个小时，一天只背一两遍，然后第二天背新的。其实单词不仅可以用整块的时间来背，还可以用碎片时间积累，而且更重要的是，需要一天重复好几遍，第二天还要重复，第三天还要重复，如此循环积累才行。

另外一个是做题，在单词量不过关的情况下，做英语题是非常痛苦的，不管是阅读理解还是完形填空，我们看到的都是生词，会产生很强的受挫心理。但是，在英语学习的每个阶段，词汇量是相对固定的，不可能等这个阶段的单词全部背完再做题，我们只能边背边做，而做题也是一个熟悉词汇的好方法。

在平时做题时，我们一定要养成查英语词典的习惯，遇到不会的就查一下，等过一段时间，这个阶段的生词就可以记住或者理解90%了，即使还可能出现一定量的超纲词汇，也只是边边角角了。学英语如果没有熟练到看到一个生词就可以直接在词典里翻到该词所在页，都不算真的下功夫。

需要说明的一点是，虽然英语从个人阅读和思维方式上，还有就业的选择面上都会给人带来好处，但如果步入社会后工作内容和外资、国际市场关联不大，那英语的应用场景可能确实比你想象的要少，哪怕你学得再好。所以，有英语或小语种优势的人，不一定非要从事与外语相关的工作，但如果想获得语言上的优势，则应该尽量接触外语场景丰富的工作，这两种说法并不矛盾。

教育的浪费和过度投资

教育的浪费和过度投资

我曾经和一个做青少年成长培训业务的互联网公司创始人聊天，他提到了一个有意思的现象，那就是 80% 的本科生都曾考虑过毕业后考研究生。本科生大学毕业后，备选出路无非就是三大类：考研究生、出国留学和直接工作（包括考公务员也是直接工作）。所以，作为本科生的重要备选出路之一，有 80% 的本科在校生考虑过考研，这个比例我认为是靠谱的。

为什么大部分本科生毕业后都会考虑考研究生？这位创始人还跟我分享了一个有意思的观点，他们拿到的调研数据显示，大部分毕业生想要考研的首要原因竟然是推迟就业。

想推迟就业，可能是不太想离开校园生活，可能是对自己的职场竞争力不自信，也可能是认为读完研究生后会显著提升自己的职场竞争力。读研后能不能显著提升职场竞争力，这个需要具体问题具体分析，但调研的观点是，读研不会降低职场竞争力，但很可能减少就业选择面。

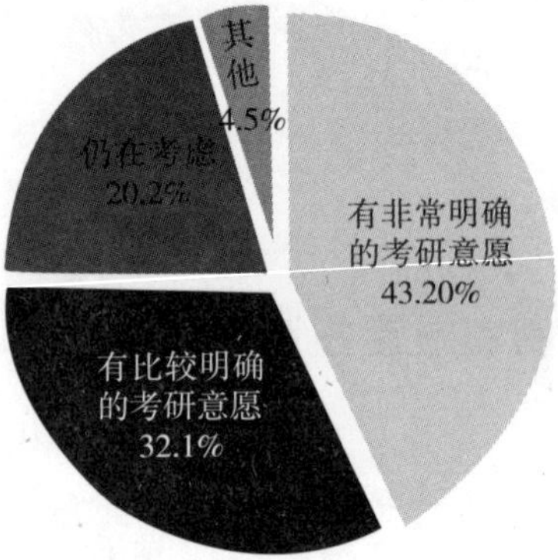

图 3–2　你是否有大四参与考研的意愿？

数据来源：中国教育在线

中国是全世界最注重教育的国家之一，也有着最渴望教育成功的父母们，他们为子女教育和职业发展付出最多，并逐渐形成一种社会风气，这种风气的直观体现就是：全国各地夸张的学区房房价，孩子的课余时间被各种兴趣班、补习班、考级班填满，此外，出国留学也不断呈现出低龄化和普及化。

自我发展的焦虑和对子女未来发展的焦虑，已经成为都市中产阶级的普遍焦虑症状之一，这种焦虑甚至在很多人的幼年时期就已出现，并一直延续到他们进入社会，等到他们自己成为父母后，又会把这种焦虑成功传导到孩子身上，焦虑在下一代得以继承和发展。

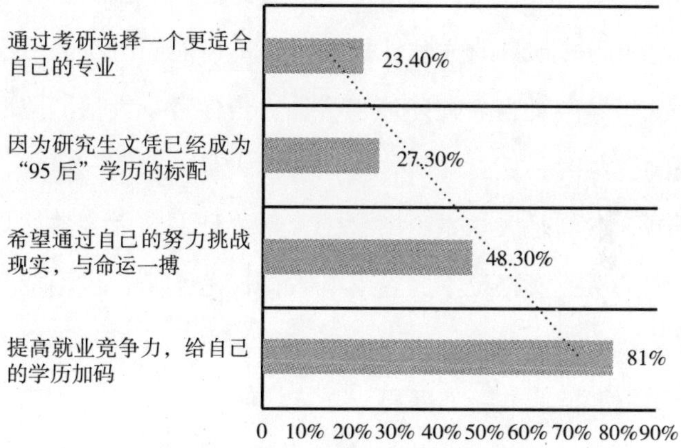

图 3–3　你选择考研的原因有哪些?

数据来源：中国教育在线

从长远的眼光来看，重视子女教育这种社会风气将保持中国整体的人才竞争力，但从个人的角度来看，我们把受教育当成输入，把个人发展能力当成输出，这又变成了一个教育的投入产出比问题，也就是教育有性价比，教育本身也变成投资和收益这两个问题。大部分人的问题不是不注重教育，而是没有根据自己的实际情况选择合适的教育内容，并由此带来普遍存在的教育浪费和过度投资。

比如我在上大学时，班里的同学普遍存在“考证风气”，很多同学参加了大量的课外考证培训班，他们同时考下了教师证、导游证、会计证等。不得不承认，他们非常努力，但其实这种证书的收获，在某种程度上更是一种自我安慰。

这些证书本身的关联性极弱，你不可能同时身兼三份职业，既当导游又当老师还能当会计，当你考下大量的关联性较弱的证件时，就意味着你也浪费了大量的时间。另外，这些证书，尤其是大学本科时代的大部分证书，大多数只是一些基础的从业资格证书，这意味着即使考下来，也不能为你构建起职业深度壁垒，多考几个从业证书无非就是可以有机会成为更多行业的新人而已。

曾经有一个重点大学毕业的女网友向我咨询职场问题，在大学四年，她考下了英语专业八级证书、教师资格证、普通话等级证书和会计证，还辅修了另一个学位，毕业后她的工作是一家国有银行支行的柜员。所以，从她最终的职业选择来看，她只要考上一所重点大学，学习经济学或财务类专业就可以了，那些证书和多出来的一个学位都是教育资源浪费和过度投资，有考这些证书的时间，还不如多读读自己喜欢的小说，多拍拍自己喜欢的照片，多发展一些自己的兴趣爱好。

在我看来，对于非体制内的、非研究型的社会性质工作，大部分文科类专业、工商管理类专业和艺术类专业的大学生，都是不需要研究生学历的。尤其是当你的本科学校还不错时，考研究生和读研究生的性价比就更加低。

经过一年的复习时间，再加上两到三年的读研时间，等你拿到研究生学历时，已经浪费掉好几年用来积累工作经验的时间，这对年轻人来说是人力成本的巨大浪费。文科类专业的毕业生进入社会以后，工作经验的作用会比学历更大，对社会身份的熟悉，对公司和业务的熟悉，对职场社交方式的熟悉，都会让你对未来发展拥有更多的主动权，而刚刚研究生毕业的你，其实只是一个职场新人而已。

我有个女性朋友，本科毕业于国内某艺术类高校，毕业后前往伦敦艺术学院攻读研究生，学习绘画类专业，研究生毕业后来到了深圳从事美术设计类工作，结果她发现，她的工资并不比那些没有研究生学历但已经工作两年的同龄人高，她的职位和所做的事情也并没有多高级。最终，她的职业发展和薪资待遇，还是需要靠她在公司一点一滴的贡献和机遇来获取，世界知名艺术院校的研究生学历并没有给她的职业生涯带来加分。

艺术类专业大都和审美有关，审美有它的优点，当你掌握了基础的工具操作和技术技能后，你就迈过了基础的从业门槛，所以门槛不高。审美也有它的缺点，由于主观性太强，使得你做得好还是不好，更多是由领导和客户决定的，而不是由你的专业能力决定的。

另外，职场中的职位都是商业行为，商业对于大部分文科类或艺术类工作的要求更贴近实用、操作、执行和规模化量产，而不需要你真的像个作家或者艺术家一样具有高超的写作能力和绘画功底。如果在相关行业你没有足够的资源和机遇，帮助你获得专业能力的发挥，艺术类的留学和研究生教育很容易成为教育浪费和过度投资。

所以，如果你真的喜欢写作且有高超的写作能力，最好是去当个作家；如果你真的有高超的绘画和艺术创作能力，最好还是去当个艺术家。

在教育上投入多少是合适的

家长应该在孩子的教育上投入多少钱？这是一个没有标准答案的问题。但是，微博网友二师说过一个评判标准，我觉得很有借鉴意义：在孩子的教育投资上，不要超过家庭收入的 1/3。

然而，近年的多项统计数据显示，中国子女教育开支占家庭总收入比重直线上升，平均开支占比已接近35%，也就是一个有子女的家庭，超过1/3的收入都投入到了子女的教育上，这还不算子女衣食住行的其他开支。

亿万富翁的孩子可以去每年开销几十万元的私立学校，去国外留学；普通家庭的孩子则上公立学校，按照大多数孩子的升学路线走完基础教育阶段。但我并不认为去私立学校和留学，就一定比去常规学校上学能收获更多的知识和机遇。与其说亿万富翁的孩子是从私立学校和留学获得了领先常规教育模式的机会，不如说是因为他们的父母使自己的孩子获得了领先普通家庭孩子的优势。很多父母说怕孩子输在起跑线上，于是让孩子从小学很多东西，但是孩子的起跑线难道不是父母本身吗？与学什么并没有任何关系。

父母就是孩子的起跑线，而不是孩子从小上了什么课，学了什么特长，更不取决于在教育上花了多少钱。就算普通家庭的父母拿出全部积蓄，让自己的孩子接受和亿万富翁的孩子一样的教育模式，去一样的学校上学，学一样的专业，哪怕成为同班同学，但等到毕业的那一天，可能你会惊讶地发现，你能够模仿人家上的学校，却模仿不了人家的家庭实力。所以，父母应该对子女的教育投资抱有一种平常心，建立一个健康、不功利的价值观。

俗话说“富人富养，穷人穷养”。我始终认为孩子不是用来娇惯的，大部分对于子女教育和开销有严重焦虑的父母，都是陷入了对子女教育过度投资甚至攀比的意识形态中无法自拔，他们早就忽略掉父母言传身教的重要性，对学习习惯的培养和坚持，比无效的过度投资有效和划算得多。

从本质上来讲，教育就是一种投资行为，有投资就有收益，同时也会有风险和浪费，有可能获得超额收益，也有可能亏本。但总体来讲，跟着大部分人的教育方式走，基本可以获得常规的投入产出，虽然很难获得超额收益，但亏本的可能性也较低。而不跟着大多数人的教育方式走，有可能获得超额收益。像丁俊晖，他的父亲为了把他培养成职业台球运动员，使其失去了和大多数孩子一样接受常规教育的机会，但最终他成功了，获得了超额收益。

一般来说，与众不同的成长和教育方式，虽然可能获得超额收益，但需要极强的执行力和较好的专业天赋，所以伴随着较高的风险，毕竟 20 世纪 80 年代的钢琴热，最终成为巨星的也只有郎朗和李云迪。

国家从整体人才培养的角度出发，和家庭的教育投资视角是不一样的。当年大学扩招，大学生人数激增，使得学历相对“贬值”，不少人怨声载道，但从宏观的层面来看，大学的扩招为之后十几年中国各行各业的经济发展输送了源源不断的高质量人才。而人才是经济发展和科技革命最本质的力量，既是生产力输出的本源力量，也是产业发展最高的成本之一。

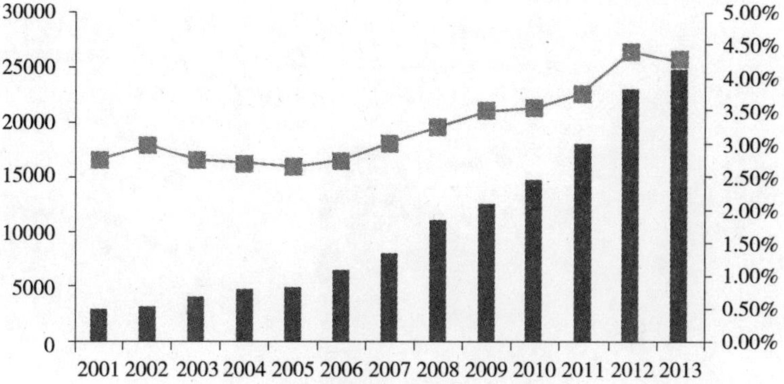

图 3-4　中国财政教育经费支出占 GDP 比重

数据来源：教育部财政司统计数据

因为对土木、建筑、交通和通信人才的培养，中国的基础建设已经非常完善，甚至还对国外大量输出基建能力；因为对计算机人才的培养，中国的互联网产业化就非常顺利，中国已经成为和美国比肩的互联网强国。

04

行业视角

互联网公司的核心竞争力

不管是在全世界还是在中国，严格意义上的互联网产业化只有短短20多年的时间，但不能否认，经过了这20多年的产业化发展，人们对于互联网的认知已经有了一个宇宙空间级的飞跃。今天的互联网不再只是一个收看新闻信息的门户网站，不再只是一个收发电子邮件的办公工具，而是生活本身，是商业生态。

互联网对人们的生活产生了巨大影响，而对于想进入互联网行业的非行业内人士和想用互联网赋能自己的业务，甚至想通过互联网创业的传统行业的企业家们来说，了解互联网公司已经形成的竞争优势到底有哪些是非常重要的。

流量是互联网公司的核心行业资源

在讨论互联网公司的竞争优势之前，需要明确这个问题的前提，首先想提两个问题：一家开淘宝店的小卖家是不是互联网公司？一个传统行业里的公司做了一个 App 卖货，是不是互联网公司？

在淘宝上卖货的小卖家，我认为只是电子商务的应用者，不能算是互联网公司，因为它自身不掌握流量，流量掌握在阿里巴巴这样的平台方，所以它本质上还是个消费品零售公司，只是采用了电商渠道。那么，一家连锁超市受到电子商务的冲击，于是做了一个 App 卖货，那它是不是互联网公司？答案依然是否定的。因为它主要的流量依然来自线下门店，它的用户群体并没有形成在它的线上 App 购买的习惯，即使有线上成交额，流量的量级也非常小，占其营收比重也非常小。所以，做一个自己的 App 卖货，依然只是互联网的应用者，而不是互联网公司。

互联网行业发展到今天，已经变成一个“赢者通吃”、行业集中度非常高的行业，而其中最大的行业资源就是流量。所以，只有真正掌握了大规模线上流量的公司才能叫互联网公司，而能够满足这个条件的，无疑是 BAT、京东之类的行业巨头，以及视频、外卖、游戏、出行、社交、直播等各垂直细分领域的独角兽们。这就意味着要想成为这个行业的玩家，首先要拥有这个行业的稀缺资源。当然，玩家有大有小，并不是说小的有什么不好，只是对行业内核心资源的掌握程度才是确立竞争优势的核心，而互联网行业的核心资源就是流量，核心资源少自然也就无从谈起所谓的竞争优势。

从本质上来讲，互联网就是一个流量聚合再变现的行业，区别在于你是卖有价值的商品把这个流量聚合起来的，还是提供了打车服务把这个流量聚合起来的，或是提供了文章、新闻、咨询、视频内容把这个流量聚集起来的，哪怕是微信、QQ 这种社交产品，其社交关系链也是它们所能提供的核心内容和竞争力。

总之，互联网行业的玩法就是要为用户提供某种有价值的内容，把用户聚集起来，再进行流量的变现和分发，这就是这个行业最本质的商业模式。至于你用的是什么商品或服务聚集用户，你能不能竞争得过和你提供同类商品及服务的竞争对手，能不能对你的用户产生持久的用户黏性，能不能高效地进行流量变现或分发，这又变成另一个问题了。这些考验的是进入市场的时机、资本的支持度、获取行业资源的能力、营销推广能力等。

经过 20 多年的互联网产业化，如今的互联网用户规模与对人们日常生活中横向和纵向的渗透率已经不可同日而语。正是在线上红利趋缓的背景下，流量的价值不仅没有被稀释，反而愈加珍贵，也就是说，大规模流量的竞争优势不仅没有消失，相反，流量所构筑的壁垒愈加难以逾越。

有人会说，我们公司有钱，难道不能通过买流量做一个全新的互联网平台？你要明白，如今互联网拉新的成本非常昂贵，2012 年移动互联网红利期时，一个新 App 的拉新成本可能是 20 元，而今天可能已经达到 200 元。在互联网的世界里，每一次页面的打开、每一个链接的点击以及每一个商品详情页的浏览，都是有迹可循的，也都可能是收费的。即使你的公司再有钱，一天能买 1 亿元的流量，你能连续买 100 天吗？即使真的能买，但如果你不能为用户提供独特的内容价值，无法形成购买转化，无法形成用户黏性，买了又有什么意义呢？

互联网金融行业最近几年风起云涌，创业公司层出不穷，创业者以为产品的金融属性可以改变互联网行业的玩法和规则，却不知道互联网金融首先是互联网，其次才是金融，否则就是传统金融了。于是，最后真正的大玩家依然是 BAT 级别的互联网巨头，而创业公司中做得比较好的也大都是被 BAT 战略投资过，获得了巨头的平台资源的公司。

程序员是互联网公司的核心人力资源

在传统行业里，即使是一家巨头公司，因为行业的业务属性，很可能其所有关于IT技术开发、广告设计创意等方面的工作都是外包的，所以我在和传统行业的人聊天的时候，他们经常会问类似于“BAT这样的互联网巨头公司做一个游戏，是不是也找外包公司”的问题。

从严格意义上来讲，互联网公司也是有相当多的外包代理公司的，不管是人力资源外包，还是TVC广告片外包，甚至在开发资源不够的情况下，也会有某个开发环节外包的情况出现。但整体来说，大型互联网公司的产品研发能力是相当强大的，不是随便哪个外包公司能与之媲美的，这得益于它们拥有非常多同时也非常贵的高质量开发人才，也就是俗称的程序员。

在阿里巴巴，至少拥有两万名各类型的开发程序员和工程师，而这个人数，不要说在互联网行业，即使在一个劳动密集型的传统行业里也是一家巨型企业。这两万多名高质量的互联网产品开发人员，绝大部分都是名校毕业生，甚至有相当大一部分是硕士、博士研究生，除了经受过良好的、严格的计算机程序开发科班训练，毕业后也拥有多年的大型互联网公司或软件公司的职场经历。由此可以看出，大型互联网公司的人才质量、人才储备和线上开发能力是非常可怕的。

而在传统行业里，我也见过一些知名大型零售企业的领导层决心开拓自己的线上销售渠道，除了入驻京东、天猫，他们自己还开发 App，想自己掌握流量渠道和后台数据，但是他们最多只会招聘二三十个开发人员，其中很可能还包含大量的外包开发人员。即使是大型房地产公司升级企业信息化，他们最多也就招聘一两百个程序员，里边仍然有包含大量外包人员的可能性。

互联网公司无论进入哪一个细分领域的市场，终归是属于互联网业务的模式和逻辑，而传统行业里的企业所招聘的程序员，大都是为其主营业务服务的，最终还是服务于一线开发和销售部门。传统行业和互联网行业主营业务模式的不同，对于人才，尤其是开发人才的行业进入和流动会产生巨大的影响。

第一，对于互联网公司来说，由于其主营业务是互联网模式，就意味着公司平台内还会有很多其他的互联网细分业务，因此不论某个业务是否能够成功，人才终究会有用武之地，也就减少了失业的风险。而在传统行业里，如果某家企业投资某个互联网业务失败，就只能裁员，因为企业里没有其他的互联网业务了。

第二，对于传统行业里的企业来说，互联网主要是配合其主营业务的布局，也就意味着不是主要营收来源，也不是核心业务部门。而在互联网公司内部，开发和产品部门却是核心生产力部门，其开发和产品能力对业务有极其重要的影响，其工作更有价值感和话语权。

第三，大多数传统行业的业务模式都是以销售为导向的，也就是俗称的拉单子，这种以传统人力销售为主的模式，和互联网行业以产品、用户界面体验和内容服务来创造价值的方式是不同的。简单来说，程序员是一个不善于拉单子的群体，也不喜欢以销售为导向的企业文化和业务模式。

第四，薪酬、福利和股权回报也是影响程序员行业流向的重要因素。在互联网行业，激励模式往往是高薪水、中高层全员持股（或期权）、年底有巨额年终奖。而大部分传统行业依然采用单纯的工资回报的打工模式，这对于优秀开发人才的吸引力也就可想而知了。

商业的竞争不仅存在于本行业内公司之间的竞争，更为重要的竞争其实是行业与行业之间的竞争。而一个行业发展的好坏，最终的影响因素其实是人，毕竟所有的事情都是人在做。所以，行业与行业之间的竞争，本质上就是人才的争夺，尤其是对能代表一个时代先进生产力的科技人才的争夺，而人才的流向和涌动才是一个行业未来发展的根基。

资本、产业链、业务升级

资本的先进度

曾经，人们热衷于讨论互联网的泡沫、商业模式的快速兴起和破灭。如今，人们又热衷于讨论产业化已经高度成熟的互联网行业市值还能有多高，还能创造出怎样的商业奇迹，互联网巨头们还需要多久才能用人工智能和自动驾驶再次彻底改变世界。

毫无疑问，今天的互联网产业已经变成全世界产业界的“巨星”。在美国，IT 信息产业已经成为第一大产业，包括互联网在内的软件及相关服务行业的行业利润已经超过了银行业。而在中国，国家统计局发布的 2016 年中国主要行业平均工资数据显示，IT 信息产业的平均年工资达到 122478

元，超过了金融业平均收入，成为平均收入最高的主要行业门类。

那么，为什么一个全新的产业经过短短 20 多年的时间，就可以席卷全球，站上世界产业界的巅峰位置呢？如果你还是只知道用“泡沫”“风口”“热钱”“投机”这样的词语来看待这个伟大的产业，那你可能不仅不会洞悉真相，还将永远无法真正接触这个行业的精髓——在互联网产业化的进程中，支撑着互联网社会化伟大实验的，正是这个行业的资本属性。

在很多人的理解里，钱和钱是没有区别的，只要有钱投资进来，就是好的。实际上，钱也分先进的钱和落后的钱，一个行业不仅要有钱投资进来，关键还要以先进的资本模式投进来。举一个例子，如果你有一个很好的商业创意，想去尝试创业，现在有四种资本模式供你选择：一、卖自家房子作为启动资金；二、向朋友借 200 万元作为启动资金；三、向银行贷款 200 万元作为启动资金；四、借 200 万元高利贷作为启动资金。

第一种模式需要承担创业失败后没房子住的风险，你觉得风险很大，算了；第二种模式需要承担创业失败后偿还债务的风险，最后可能还是要卖房子，你觉得风险还挺大，算了；第三种模式如果没有可供抵押的资产，基本上很难贷到款，所以还是要抵押房子，承担创业失败后没房子的风险，你想了想，觉得还是算了；第四种模式更不用说了，如果借高利贷创业，风险可能就不只是卖房子了。

所以，这四种资本模式本质上都是不利于创业的，甚至可以说是属于不鼓励创业和创新的资本模式。假设现在有朋友做投资，你卖房子还可以考虑，因为有其他资本的进入，相当于在你的事业上加了杠杆，这个尝试是值得的，甚至连房子可能也不用卖，出点儿钱加技术和管理就能入股，这种方式即使是在实业领域也是非常普遍的。

因此，对于创业者来说，不需要对创业资本承担连带责任，就是对创业的最大支持。除此之外，投资人和创业者的资本退出路径也起着同样重要的作用，而在这一点上，传统行业和互联网行业有着很大的区别。

经常有朋友说，在互联网行业里创业，最终的结果不是被 BAT 收购，就是被 BAT 打败，创业公司很难保持长久的独立性和自主性，但我却认为这是一件好事。在互联网行业里，只要你的公司能够真正创造价值，哪怕不成功，也有机会被溢价收购，这会帮助其向前发展，同时为前期的投资资本和创业者提供了一条安全退出的路径。在整个互联网行业里有大资本兜底，BAT 成为行业最终的整合者，提高了整个行业的资本效率，可以为创业者提供一定程度的安全感。

传统行业内的创业公司由于市盈率低，导致其未来资本市场的想象空间比较小，并且由于绝大部分传统行业内的公司只能在国内上市，审核流程非常严格，因此投资人会更加注重业务流水的现金收益，这直接导致了资本的短视。如果一个行业内的投资资本普遍希望自己投出去的钱第二年就有流水甚至盈利，几年就能回本，这将非常不利于长远的业务布局和更深刻的商业模式创新。如果一个行业的投资资本第一年把钱投了，第二年就想疯狂地招加盟商，从而赚取加盟费，那伤害的不仅是消费者、加盟商，还将伤害整个社会资本对这个行业的信心，降低整个行业内的营商水平。

产业链地位

互联网公司的“互联网 +”和传统行业内公司的“+ 互联网”，是过去几年中国产业界很热的词。但目前来看，互联网公司向线下的扩张和传统行业内的公司向线上的努力完全呈现出不同的发展态势，而导致这一现象出现的根本原因就在于它们所处的产业链地位不同。

几年前，重庆一家做白酒的企业老板和我聊天，提出想做一个快销供应链的互联网平台，来取代传统快销业的三级分销网络。中国的快消企业是通过各省市的三级分销网络将自己的商品触达到每一个县城，甚至每一个村落，这个分销网络曾长期把持了中国快速消费品行业的渠道网络，同时也为商品的流通创造了价值。然而，这个网络极其分散，而且效率低下，由于商品的推广非常依赖和代理商的关系，不仅缺乏精准的大数据收集和货品投放，更跟不上消费者实际变化的消费需求。

因此，这家白酒企业老板的想法很好，如果能够实现，将改变行业内不足的现状，创造全新的模式和价值，但是我认为他没有这个能力，因为他自身的发展都需要依附于这个分销体系，所以他没有能力整合这个产业链。那么，这位老板当年想做的事，现在谁在做呢？看一看阿里巴巴零售通、京东新通路和乡村淘宝就知道了。

阿里巴巴和京东不依附于原有的分销体系，作为全国最大的两个电商平台、单一体量最大的两家零售卖场，它们可以获得更大的采购量，获得和品牌方更大的议价空间。而电商物流体系的完善，不仅意味着从平台到消费者端的通路完善，更意味着从平台到零售终端通路的完善。

因为拥有庞大的线上消费大数据积累，阿里巴巴、京东比传统线下终端卖场和分销渠道，更懂每一个地区的消费者喜欢什么样的商品。而且阿里巴巴、京东具有天然的媒体曝光度，其公关优势、营销玩法积累和强大的平台品牌背书，不是代理商能够与之相媲美的，更何况其强大的供应链金融服务能力，更不是传统分销代理商能够吃得下的。

电商巨头的入局无疑将慢慢侵蚀传统的、分散的分销体系那种效率落后的价值，而随着时间的推移，巨头资源加大力度投入，传统的、分散的分销系统将会被整合成一个完整的分销体系。由此可见，如果想整合一个产业，首先要拥有不依靠这个产业链生存发展的能力，否则就只是这个产业链肌体上的某一部分。另外，还必须处于整个产业链的头部，必须是大脑，只有大脑才能整合和控制整个肌体。

从目前来看，由于互联网公司在产业链和流量上的强势地位，其“互联网 +”战略就算小有挫折，总体路线的战略感也是相当清晰的，并且是在一板一眼地有效落地。相比之下，传统行业内公司的“+ 互联网”做得就曲折多了，大多数传统公司之所以没能有效利用好“+ 互联网”，关键在于领导者和决策层对互联网的理解力不够，对互联网没有敬畏之心，缺乏运营和大数据意识，不能从自己公司的主营业务的商业模式顶层重新梳理业务流程和架构新的业务流程。

业务模式进化

如果仔细观察互联网行业的新闻，我们会惊讶于这个行业的变化是如此之快，领先和落后之间的反转可能只有短短几年甚至一年，不论是巨头还是创业公司，一样没有安全感，一样在快速迭代自己的组织架构和产品技术。

恐怕没有哪个行业能像互联网行业一样，在公司之间有着如此之多的投资和并购，在公司内部也有着如此之多的业务方向调整和组织架构调整。并且你会发现，在这个行业里越是成功的公司，投资并购就愈加频繁。

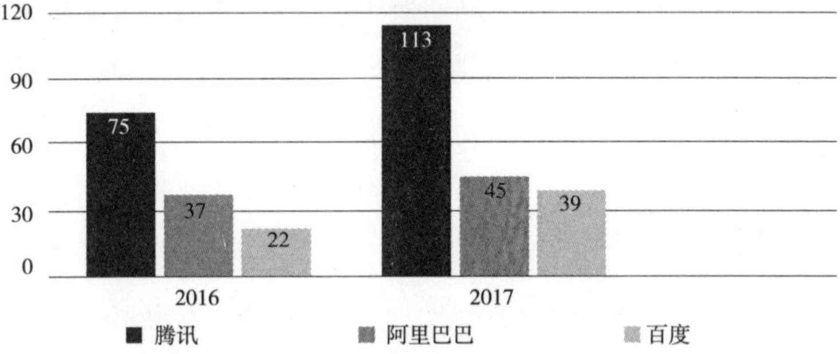

图 4-1　BAT 2016 年、2017 年投资数量对比

数据来源：猎云网；原标题《2017 年 BAT 投资成绩单》

在互联网的江湖中，我们越来越清晰地看到，巨头的业务扩展似乎并没有边界，核心就是如何扩展自己的边界，搭建更多的用户使用场景，获取更多的用户数据，打造全方位的用户服务。阿里巴巴在我们最初的理解里就是一家 B2B 外贸网站，然后它孕育出了 C2C 平台淘宝网，从淘宝网又孵化出了支付宝和天猫，现在又孵化出了钉钉、蚂蚁金服、菜鸟网络、盒马鲜生等，更不用提它收购的那些企业了。

同样，腾讯在我们最初的理解里是一家即时通信软件公司，但事实上，现在的腾讯更像是一家松散的产品联合公司。每个事业群都有几个自己的主营产品和正在孵化中的产品，如 SNG（社交网络事业群）有 QQ、腾讯音乐、全民 K 歌、QQ 空间等产品，IEG（互动娱乐事业群）有腾讯游戏、阅文集团等，MIG（移动互联网事业群）有 QQ 浏览器、应用宝等，而且这一切都还在变化中。

在其他任何一个行业内，我从来没有见过行业领导者在净利润接近千亿元的时候，整个组织架构依旧处于高度的快速变化之中，整个行业也依然处于剧烈的动荡之中，稳定的格局似乎随时可能被颠覆，而事实也正是如此。比如在互联网资讯和新闻行业，当所有人都认为这是一个已经没有任何发展空间的领域时，“今日头条”用信息流杀出了上百亿美元的估值；当所有人都认为短视频娱乐领域风口已过时，抖音再次重塑了这个领域。是的，这就是互联网世界，在这里你永远不会有安全感。

互联网的新趋势（一）：B2B 和线下扩张

B2B 的战争已经开始

无论是在美国还是在中国，互联网真正实现产业化，都是以服务广大 C 端用户的面目出现的。在美国，目前市值排在前列的互联网公司，诸如脸书、谷歌和亚马逊，都是以 2C 起家，并以 2C 的业务模式为主营业务。而在中国，除了阿里巴巴的第一个业务模式是外贸 B2B，百度在创立之初曾经短暂地做过几年 2B 搜索技术供应商以外，几乎所有大家耳熟能详的大型互联网公司或独角兽公司，都是以 2C 的商业模式起家的。然而，目前的形势正在发生转变，互联网公司大规模的 2B 业务战争已经打响。

在分享互联网 B2B 趋势之前，需要弄清一些概念，以有助于我们理解它的背景和可能的发展方向。首先从产业划分的角度来说，IT 信息产业、科技业、互联网业、软件和硬件产业这些大家耳熟能详的概念其实并不一样。

在这些概念中，科技业是最大的一个概念。在大众商业语境中，只要一个产业或公司有研发能力，或哪怕没有研发能力，只要处于整个科技产业链条中，都有可能被称为“科技业”或“科技公司”。如医药公司也是科技公司，飞机制造公司也是科技公司，供应链端生产屏幕的公司也是科技公司，甚至不研发，只是给科技公司代理产品销售的也可能自称科技公司。

IT 信息产业一般包括了互联网产业、软件产业和相关的硬件产业。如一个程序员，既可以去互联网公司做开发，也可以去软件公司做研发，还可以去企业信息化公司做研发。所以，在 IT 行业内部从业者看来，互联网、软件、企业信息化和硬件属于大 IT 产业中不同的细分方向，甚至可以说属于不同的细分产业。

经过十几年的发展，中国的互联网产业化成熟度已经非常高了，甚至在某些重要的产品形态、应用服务和数据积累上，可能比美国的互联网公司还要领先，比如移动支付、共享单车、餐饮外卖等。其实，中国互联网产业化开始的时间并不比美国晚多少，如果以雅虎作为美国互联网产业的开端——1995年，那么中国以搜狐作为互联网产业化的开端——1998年，只比美国晚了三年，并且还赶上了中国计算机普及和网民增长的红利。

但不得不承认，虽然中国的2B模式产业化早已开始，但由于传统行业产业成熟度不够，在过去很多年里，相当多的传统产业是靠着市场红利粗放式的发展而发展的，科技应用程度非常差，还没有大规模进入消费升级和精益化管理的阶段，导致整个中国2B端的科技服务业产业较为落后。

阿里巴巴UC创始人之一何小鹏，从阿里巴巴离职后创立了小鹏汽车，他说他进入汽车行业后才发现，汽车行业里的人居然还在用纸质办公，而互联网公司早就实现了App无线端的协同办公和OA申请，这种情况在中国的传统行业很普遍。反观美国，在整个科技产业界，形成了很多成熟的2B模式的科技产业公司，如甲骨文、IBM等，甚至毫不夸张地说，美国所有的行业都可能是科技行业。所有行业的大型公司都可能是科技公司，比如沃尔玛就有自己的卫星。

企业信息化和新零售

从目前的发展来看，中国互联网产业的B2B模式主要有两个发展趋势：一是企业信息化，二是新零售。

阿里云、腾讯云、华为云等企业间的云计算市场，其实就是云端化的企业信息化。在互联网产业和传统企业信息化市场融合的过程中，那些传统企业信息化中的人才，都有机会在云产业化进程中获得新的职业发展机会。比如从传统企业信息化部门跳到互联网公司的云计算部门，发挥自己了解行业、了解企业、了解业务流程的优势。

新零售是一个互联网行业和传统零售业都在热议的新风口，无人超市、无人货架、京东便利店、盒马鲜生、新智慧门店……一个又一个新名词让人眼花缭乱。那么，到底什么是新零售？哪些是真的新零售，哪些是拉虎皮当大旗？它到底会不会改变线下零售业现有的生态和模式呢？

在2017年阿里研究院发布的《阿里研究院新零售研究报告》中给出了新零售的定义：以消费者体验为中心的数据驱动的泛零售形态。

在报告中，还给出了新零售的三大特征：一、以心为本：掌握数据就是掌握消费者需求；二、零售二重性：二维思考下的理想零售；三、零售物种大爆发：孵化多元零售新形态与新物种。

表 4-1 2017 年度"新零售独角兽企业 TOP 10"榜单
（排名不分先后）

排名	企业	所属行业	融资情况	最近投资金额
1	网易严选	ODM 电商	已上市	–
2	超级物种	餐饮 + 超市形式	战略投资	–
3	小米	小米生态链	E 轮	–
4	每日优鲜	生鲜特卖网站	D 轮	5.0 亿元人民币
5	云鸟	同城速递服务	D 轮	1.0 亿美元
6	掌贝	店铺数字赋能	B 轮	3.0 亿元人民币
7	缤果盒子	无人便利店	A 轮	1.0 亿元人民币
8	便利蜂	24 小时连锁便利店	A 轮	3.0 亿美元
9	盒马鲜生	生鲜 O2O 平台	A 轮	1.5 亿美元
10	猩便利	无人货架	A 轮	3.8 亿元人民币

数据来源：新零售家、IT 桔子等互联网公开平台

而京东提出的无界零售、苏宁提出的智慧零售，其实与阿里巴巴所提出的概念都大同小异。

新零售的概念其实也分为前后两端：前端是关于消费者终端形态的；后端是供应链端，其实就是 B2B，而供应链端不仅包括货品供应链，还包括信息化升级和供应链金融。

我个人认为，新零售一定是零售业的新方向，整个产业一定会朝这个方向发展，最终一定会提升整个终端和供应链的科技实力，提升货品的运营能力，留下消费者喜欢的，淘汰掉那些看似有用但其实并不重要的商品。最重要的是，实体终端一定会最终进入消费者数据运营的阶段。和云计算一样，新零售也意味着新的职业机会。首先这是一个全新的领域，尤其是以阿里巴巴、京东和永辉这类比较有市场变革意识的零售企业为代表，未来可能会成为新零售巨头，因此这个行业有全新的运营思维和就业机会。另外，对传统行业人才来说，线上公司向线下渠道的扩张和融合，意味着传统零售业人才将有机会搭上新零售的快车，从一个传统零售业人才成为当前最炙手可热的新零售概念的人才。如新零售需要大量智能硬件开发，对相关传统硬件开发的人才而言是个好机会；零售通是对传统渠道终端的重构，对传统零售渠道人才而言是个好机会；盒马鲜生需要选址、拓展、开店和运营，对传统零售卖场的管理人员而言可能是一个好的职业机会。

为什么要做 B2B

互联网公司在中国的商品经济和服务市场的话语体系

里，一直都是以更懂消费者、更懂年轻人、更会玩营销著称的。互联网公司通过每个人手机上的 App，能够比传统行业更轻易地触达自己的用户，并且由于服务是通过互联网的软件产品载体来实现的，营销的玩法也就变得更加多变和灵活，又因为积累了大量的消费者数据，营销活动的广告和货品推送会更加精准。那么，为什么互联网巨头不再只顾及自己的 2C 市场，而希望扩大 2B 端的话语权呢？

2B 市场，简单来说就是企业间市场，就是承担某种类型服务的供应商地位或处于某个产品的供应链上下游的位置，说得直白一点，就是赚的钱来自企业，而不是零散的消费者。

2B 市场和 2C 市场有显著的不同：一是 C 端市场本质上是大规模的陌生人生意，但 2B 市场是熟人生态的生意，信任的成本非常高；二是 C 端市场大都是以小额、短期、标准化的服务或商品为主，而 2B 市场则是以大宗、长期、非标准化的服务或商品需求为主。2B 市场的客户需求是多种多样的，甚至在服务的过程中客户的需求也会随时调整和变化，服务的成本非常高。而正是这种高成本，才一点点构筑起了客户和供应商之间的信任关系；而这种信任关系，几乎是所有 2B 行业的重要行业壁垒。很明显，这并不是以 C 端见长的互联网公司熟悉的领域。

有人说是因为线上红利结束，中国的互联网公司需要关注线下和 2B 业务来扩大业务的基本盘，这种说法是对的。还有人说是因为线下价值重新得到重视，线上模式有缺陷，这种说法也是对的。不过两种说法都很片面。就目前来看，阿里巴巴、腾讯和京东的业务都在高速增长，即使互联网红利结束了，它们自身的平台红利依然没有到尾声。线上模式是有缺陷，但线下同样有缺陷，至少与线下相比，线上的运营效率高。那么到底是什么原因，能够促使一个行业所有的巨头在没有经营压力、依然疯狂赚钱的情况下主动转型和扩张业务呢？这个问题我们在下文讨论。

互联网的新趋势（二）：变现和存量战争

微信的强势变现

在中国的互联网生态里，要问哪个平台能够触达几乎所有的中国网民，甚至是海外华语文化圈的网民，那就只有微信。不管是淘宝、京东、百度、美团还是滴滴，这些平台的用户可以说都是微信用户的子集，而且这个子集不仅是代表数量的数字，更代表着用户群体和用户个人。

你可能用京东购物，也可能用淘宝购物；你可能用滴滴打车，也可能自己开车；你可能用携程买机票，也可能通过航空公司官网直接买。但是，大多数人都在用微信。在中国互联网的竞争生态中，微信和其他平台并不处在一个维度上，它处于流量顶部，如果它想做一件事，将对同类型竞争对手形成降维打击。

表 4-2 活跃用户排行榜

排名	App 名称	活跃用户数（万人）	排名变化
1	微信	99704	–
2	QQ	93107	–
3	腾讯视频	63402	–
4	支付宝	47586	↑
5	搜狗输入法	46523	↓
6	QQ 音乐	37967	↓
7	爱奇艺视频	37288	–
8	快手	33182	–
9	UC 浏览器	28923	↑
10	手机淘宝	27813	–
11	今日头条	27764	–
12	腾讯手机管家	26140	↑
13	应用宝	24215	↓

数据来源：2018 年 1 月 11 日，联通大数据发布当月 App 沃指数排行榜

这样的互联网生态已经存在很久了，但最近却出现两个重要趋势：一是微信开始加强功能集成和流量变现了，这很可能改变未来三到五年甚至更长期的整个中国互联网

行业的生态局面，也势必会打破当前的行业平衡；二是腾讯和阿里巴巴的生态战争，近期有明显的愈演愈烈的趋势，这场战争的广度、深度和烈度，都将远远超出以往，作为两家中国互联网业内最大的头部企业和生态体系，这场生态之战从长远的目光来看，势必会改写中国未来的商业格局，直接波及中国互联网的所有参与企业和从业者。

今天的中国互联网，已经过了网民数量快速增长的红利阶段，微信的月活跃用户数将近 10 亿，已经超过了中国 7.51 亿的网民总数量，这意味着在将来很长一段时间内，中国互联网企业，尤其是大型平台企业的用户增加将呈现两个特征：一是国内用户数增长呈现出和中国自然人口增长类似的代际规律，二是需要国际化带来机械增长。

但是，人口代际增长和国际化这两个趋势都是需要长线运营和投入的，这意味着短期内互联网领域将血流成河。创造新价值的重复创业将毫无生存的可能，同一领域有多个竞争对手的中小型创业公司将会面临更加残酷的竞争环境，创业公司即使做到市值 100 亿美元以上，依然是非常危险的。

在过去很长一段时间里，微信都是一个非常重视用户体验的社交网络平台，对于一级入口功能的集成，微信一直是持谨慎和放慢节奏的态度的，即使进行功能集成，也主要是从“钱包”的二级入口而不是一级入口集成。但是，我们看最近改版的微信，已经变得相当臃肿，并且用新集成的功能对标竞争对手的意图非常明显。“看一看”和今日头条产生直接竞争，“搜一搜”是微信里的“百度”，“游戏”和“小程序”都是应用分发，会与所有的应用分发商店和游戏分发渠道产生竞争，小程序应用生态成熟后甚至可能会将所有非“阿里系”和“百度系”的 App 纳入自己的生态体系。

图 4-2　微信发现的界面

再加上之前就开放给京东的“购物”一级入口、连接熟人社交关系链的朋友圈、连接二维码的“扫一扫”、连接LBS（基于位置服务）陌生人生态的“附近的人”，以及接近“满员状态”的“钱包”二级入口，种种迹象表明，微信已经不打算再遮掩自己成为中国互联网用户“一站式全功能平台”的野心，想要“连接一切”的马化腾正在通过不断迭代升级自己的产品体验，不断矫正和训练用户的使用习惯来快速实现自己的目标。但是，“连接一切”既可以说是给合作伙伴赋能，也可以说是自己什么都想做，意味着向所有不是自己生态内的对手宣战。

互联网行业和传统行业的最大区别就在于绝大部分市场经济竞争状态下的传统行业的集中度非常低，这种“分散属性”在很大程度上是因为大部分传统行业多少都会有“地段资源的占有属性”，也就是大部分传统行业都和房地产资源有关。比如：某家的火锅很好吃，但是离我住的地方有20公里，那我就在家附近找一家差不多的就行了；某个楼盘绿化非常好，我很喜欢，但是离我上班的地方50公里，那我只能选择离上班近一些，也还不错的楼盘。

但是，互联网行业完全不是这样，无论你在东北还是在西北，你都在用微信，电子信号抹平了地段上的差距，因此我们看到在一个大的语言或文化体系内，互联网企业一旦建立起领先优势，将形成“赢者通吃”的收割效应。

互联网行业的集中度不仅体现在不受地段影响上，而且体现在你一旦握有流量优势，就可以形成不同垂直模式之间的导流和变现，就可以形成流量的循环流转，以此消耗消费者的时间和培养消费者的使用习惯，所以，最好的办法就是你能把所有领域的“第一”全占据，或者至少其他领域的“第一”也是你投资的。

拼多多——存量战争下的拉新逻辑

拼多多为自己打的广告语是“3 亿人都在拼的购物 App”，我们不去讨论这个数字是否准确，也不讨论它卖的商品是好是坏，我们只分析它的商业模式背后所隐匿的商业逻辑。我是在微信端口里体验的拼多多，实事求是地讲，那种极致的操作和拉新模式让我感到非常震惊。

拼多多的拉新模式其实很简单：

1. 用商品的超低价击穿用户的心理防线，让你产生购买欲望和参与欲望，并由此促使你的动作按照它设计的分享逻辑进行分享拉新和组团。

2. 超低价组团拼购，若干人组成一团后进行抽奖，这是借鉴了以前网易一元夺宝模式的拉新玩法。区别是不中奖的话，会将参团的钱退回来，可以说去除了这种玩法以前的博彩属性，而演化成了一种纯粹的拉新手段。

3. 被包装成红包性质的优惠券疯狂派发，用以转化用户的首购和复购。

4. 基于微信熟人社交关系链基础上的超重度社交分享传播和拉新，整个产品相当多的页面都被强化设置了和好友分享的机制。

单看拼多多的前端产品体验，可以说都是在围绕“拉新”这两个字展开的。上面分析的那四条拉新模式，其实其中的任何一条，在电商或者整个互联网行业的拉新模式中，都不算是新玩法，但拼多多和它们玩的不一样，它不仅四个模式一起用，使四种拉新方式互相协同产生放大效应，而且将这四种模式的每一种都用到了极致。

表 4-3　2017 年度中国移动互联网用户规模亿级玩家增速 TOP10 App

1	拼多多	6	京东
2	快手	7	支付宝
3	王者荣耀	8	优酷
4	高德地图	9	360 手机助手
5	OPPO 软件商店	10	美团

数据来源：QuestMobile 2017 年中国移动互联网年度报告

需要注意的是，微信是一个非常重视用户体验的平台，在微信里分享拉新性质的页面，是不能明目张胆地诱导用户进行分享的，尤其是当后台监测到大数据量的诱导分享时，微信官方是有可能直接封掉分享页面的。而拼多多在微信环境里的整个前端体验，可以说是一个重度诱导分享的传播拉新机制，而重度的分享机制本质上都是洗微信用户的过程，那么问题来了，这是经过微信或腾讯官方默认的吗？

除了入股拼多多，腾讯还入股了很多公司，包括京东、美团和滴滴，这些公司也都或多或少会在微信环境中传播自己的拉新产品，但分享机制都没有这么重度。那么，拼多多能够在微信环境里这么肆无忌惮地重度分享传播，是因为它对于腾讯的战略价值比京东、美团和滴滴对于腾讯的战略价值还要高吗？我并不这么认为。

我们来看一组数据，2011 财年，阿里巴巴的净利润为 17.09 亿元，腾讯净利润为 102.248 亿元；而到了 2017 财年，阿里巴巴的净利润为 578.71 亿元，腾讯的净利润为 715.1 亿元。从这些数据可以看出，阿里巴巴已经从 2011 年的一家“小公司”成长为一个巨头，而腾讯一直都是巨头。

从 2011 年到 2017 年，是中国电子商务市场高速发展的一个时期，虽然腾讯也曾做过拍拍网和易迅网，但最后却都卖给了京东，通过京东分食这个市场。因为在电子商务这个市场里，阿里巴巴占据主导地位，它已经成为基础设施型的企业，成为整个产业链的最上游，不仅掌握着最大量的数据，而且凭着电子商务的优势地位，把控了线上支付的入口——支付宝。因此，我们也就能够明白为什么微信对拼多多非常包容。

在中国电子商务市场的最大入口被阿里巴巴把持，同时网购用户增长趋缓的背景下，京东虽然也成长为巨头，但在整个线上的电商统治力上，和阿里巴巴依然不是一个级别的公司，腾讯必须亲自“出场”，而不仅仅再指望京东了。所以，我认为拼多多对于腾讯是一个重要的线上支付入口，以三、四线城市的居民作为目标客户，通过低价格、高频快消品类来获取更大的线上支付入口价值。未来腾讯的电商版图，将形成京东、唯品会和拼多多三足鼎立的架构，而拼多多很可能具有更大的想象空间。

拼多多出现之后，很难再出现现象级的电商平台了。为什么？因为拼多多所有的前端模式设计，都是为了解决拉新的，而拉新是互联网商业模式中最贵的成本，拼多多已经把拉新模式玩到了极致，毛利率也被降到极致，再出现更极致的平台恐怕不易。

传统零售业的迷茫

数据是第一生产力

曾有一个线下大型商超的高管和我聊天，他说在“618”促销时，很多快消品在京东超市上的价格已经接近他们的进价，他们完全无法取得价格优势，只能看着市场份额被京东抢走。

我告诉他，这个结果是必然的，京东是面向全国品牌方采购，面向全国消费者销售，你们的超市再多、再大，能有多少家店？能覆盖多大市场？采购量能有多大？何况人家是 7×24 小时的无缝覆盖。

作为零售业本身，尤其是作为渠道商来讲，关于货品有两个核心竞争力：一是货品的好坏，也就是受欢迎程度，另一个是价格。再大的超市、商场，也不可能有京东、淘宝这类电商的 SKU（库存量单位）多，同样作为自营采销的实体商超和线上商超对比，进货量也很难相匹敌。从货品运营的角度来说，传统零售业已经落后了，但这并不是传统零售业和互联网零售之间的最大差距。

传统零售业对自己客户的运营能力和运营思维相较电商巨头们来说，是全面落后的。举一个最直观的例子，所有传统零售商最关心的核心数据就是销售额，电商也非常关心这一数据，但区别就在于传统零售的销售额是一次性的，而电商的每一单成交都为下一次的运营提供了数据基础。数据才是最值钱的，这也正是马云说阿里巴巴不是一家电商公司，而是一家大数据公司的原因。

传统零售业获取数据的能力极弱，比如一家超市做促销活动，消费者拿着买一送一的食用油去结账，不管他是交现金还是移动支付，对传统零售业来说，这次交易都是一次性的，你既不知道他是谁，也不知道他的年龄，你甚至记不住他这次买了什么牌子的食用油，你更不知道他在买食用油前后看了哪些商品，哪些是他想买还没买的，哪些是他想买但觉得贵的。这些信息你完全不知道，这个客户的信息、你和他的这次交易全过程的所有数据都是 0，你唯一能获得的数据就是多卖出去一桶“买一送一”的食用油。

同样是做一次促销活动，消费者在一家电商平台的消费路径却大相径庭，你注册账号、绑定支付宝、银行卡、手机号后，你在前端，依然是你的网站账户，但在后台，理论上已经知道你是谁了（这为未来的征信体系提供了数据），你所浏览的每一个品类、商品都是被打上标签的，你买了哪些商品、看了哪些商品却没有买都是有数据统计的，不仅在这次购物过程中会为你关联推荐，也为你的下一次购物提供了关联推荐。总之，有了数据后，可以确保每一个为你推荐的商品和促销活动都是与你有关联的，这也就极大地促进了销售，而这就是生产力。

生产力带来的商业模式变革依然在飞速发展

在过去很长一段时间内，人们热衷于从渠道体验的角度分析电商和传统实体零售的区别，比如网上买的质量可能不好，可能是假货，实体店试穿更方便等。这种区别是对的，但并没有看到实质。

实质就是传统零售的整个供销体系、店铺运营方式和对消费者的数据运营能力，长时间没有质的突破。但互联网场景的零售业却在以上所有方面以相当惊人的速度变革着、进化着，并且越来越快，完全没有停滞的迹象，而支撑这种变革的核心能力，是技术能力的飞速提升。

2017 年，天猫实现“双 11”全天交易额 1682 亿元的壮举，在这期间，有 1.7 亿个网站页面的横幅广告是由阿里巴巴的 AI 设计系统“鲁班”完成的，这意味着什么呢？

1.7 亿个网站页面的横幅广告如果由人力设计师人工完成，从数量上来说，在短时间内几乎是一个不可能完成的任务，需要耗费极大的人力和时间成本，更不要说保证质量。通过“鲁班”完成，不仅节省了人力和时间，而且很可能每个人打开的“双 11”页面是不一样的，在你面前所展示的，是以你过去的消费数据所关联的商品和优惠，这就是生产力。

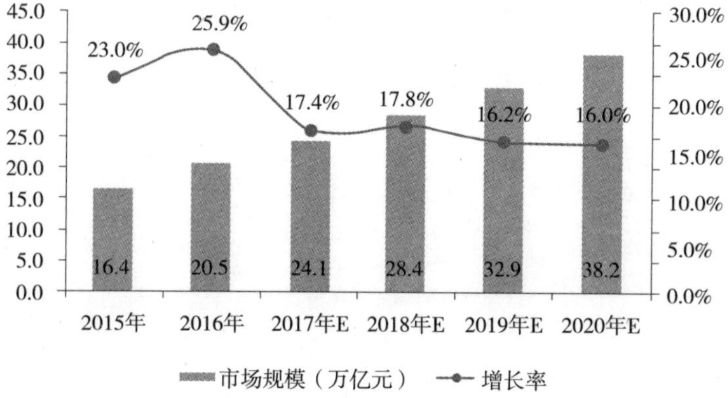

图 4-3 中国电子商务交易规模及预测

数据来源：中商情报网，中商产业研究院发布的《2018—2023 年中国电子商务行业市场前景及投资机会研究报告》

沃尔玛曾经提出过“天天低价”的口号，但那已经是传统零售语境中的“天天低价”了，电商提供了另外一种更彻底的“天天低价”，“双 11”“618”、聚划算、京东秒杀、一元夺宝等，几乎每天都有令人眼花缭乱的促销活动，而在这些促销活动背后，是电商巨头们越来越强大的后台产品能力和前端运营能力。

互联网发展到今天，或者说电商发展到今天，绝不能再以渠道购物体验这一个维度来审视互联网零售和传统零售业的区别了，前者已经成了科技公司，后者依然还是渠道分销商，我想这才是二者根本的区别，技术力量的不同才是根本的不同。

当传统零售商还没把电商的销售属性搞明白时，电商公司又开始进化了，它们通过积累的庞大的消费数据，正在逐步形成后续的消费分期（消费贷款）、贷款、旅行、保险理财等金融增值服务，从而对它们所运营的几亿用户形成全方位的消费、金融服务体系，这是一个系统性的生意。而传统零售商的商业思维方式似乎很难突破“一次性生意”的高度，突破不了自己是个卖商品的角色，做不到运营用户的角色。

我们有自己的 App

在我看来，传统零售和互联网零售的区别，其实并不是线上和线下的区别，传统零售企业如果只是自己做一个 App，把它当作一个销售渠道，那并没有解决任何问题，甚至还可能加速消耗传统零售企业现有的比较优势。

首先，从前端来讲，App 只是移动互联网运营用户的入口，需要先有基数足够大的前端用户，说白了就是流量，随便做一个 App，并不会马上有几亿人自己跑过来注册登录，即使是阿里巴巴和京东，也是通过十几年的用户积累才做到现在的规模。而前端的用户基数，正是互联网电商渠道的护城河。

其次，从后端来讲，并不是做了 App 以后，后端的采购量就会增大，采购成本就会降低，就能卖出更有优势的价格。如果没有更有优势的价格，依然是没有吸引力的。但是，如果卖出有优势的价格，甚至可能比自己的实体店铺价格还低，那就是左右手互搏了。

最后，从运营能力来讲，出于人力成本的限制和以实体营收为主的业务现状，几乎所有传统零售企业都只是把线上作为一个完整产业布局的行为，一般不会倾尽全力去做，在企业内部也很容易受到实体运营部门的打压。而且在实体零售企业里，真正懂电商的人并不多，即使有人懂，也涉及组织架构调整和业务调整的能力，这又是一个更大难度的问题。

线上融合线下

任何一种商业模式，只要能够长期提供真实的服务价值，且这种价值的收益大于投资的成本，就是一门好生意，这也解释了为什么一些电商平台都曾经长时间亏损，但还是会有投资人愿意投入巨资，因为它们创造了真实、巨大的服务价值。所以，传统零售业的投资回报率在电商的冲击下会大幅降低，但不会消亡。而降低一个全社会范围内的庞大产业的消费成本，又恰巧是电商提供的一个巨大价值。

线上线下融合已经是老生常谈了，但这里要说的融合，其实是一个行业巨头对另一个行业整个供应链的“侵略”和商业模式的颠覆，也就是互联网零售巨头已经开始试图夺取传统零售业产业链的行业话语权了。

在终端表现上，阿里巴巴、京东都开始大规模开设终端店铺或加盟店，阿里巴巴还收购了银泰和新华都，尤其是阿里巴巴开设的新零售范本——盒马鲜生，在某种程度上颠覆了现有传统生鲜零售的终端商业模式。在供应链端，阿里巴巴零售通和京东便利店都在计划以自己的供应链优势和物流优势改变已经形成且稳定了数十年的快消品三级分销制度。

曾经有一家制造白酒的小企业老板和我说，他想用互联网平台改变当前的快消品分销体系，但显而易见，他完全没有那个力量，因为他自身就处于这个供应链条之中，甚至还要依附于这个链条发展，话语权并不强势。阿里巴巴、京东则不一样，它们完全不依附于传统的快消品供应链，它们是统筹者，属于降维打击。

线上线下的融合在我看来有以下几个趋势：

1. 互联网已经成为基础设施，不再只是一个行业语境，所有企业和行业都会用到，而且必须用，只是具体用的方式不太一样。

2. 对传统零售企业来说，互联网是一柄双刃剑。用得好，可以赋能业务；用不好，可能消解当前的比较优势，加速衰落。

3. 对传统零售企业来说，评判融合得好坏的标准是能否通过网络端口更高效地运营自己的用户，微信公众号、淘宝、京东是成本较低的运营方式，但是也会相应受制于平台的规则，消解运营能力。

4. 对传统零售企业来说，薪资条件是能否吸引优秀的互联网人才加盟的重要因素，但如果只有高薪水，没有透明的、优秀的企业制度和企业文化，优秀的互联网人才就会水土不服。

5. 线上线下的融合不只意味着融合，更是整合，而且是互联网巨头对线下终端和供应链的长期整合，不太可能出现线下巨头整合线上优质企业的情况，主要是买不起。

4A 广告业的沉浮

4A 广告人的黄金时代

20 世纪 90 年代，中国的商品经济处在逐步起步和繁荣阶段，广告，尤其是电视广告为企业主开辟市场立下了汗马功劳。在那个年代，一家公司如果能够拿到中央电视台《新闻联播》时段的“标王”，就可以迅速从一家区域品牌变为全国知名品牌；如果能够拿到央视春晚的“标王”，则可以产生更具爆炸性的广告效果。之所以会出现这样的现象，除了广告投入本身应有的营销效果外，更为重要的是整体商业大环境下的时代背景：

1.20 世纪 90 年代初，中国虽然在众多领域已经产生了诸多的品牌和区域性的竞争，但由于处在市场经济建设的初期阶段，市场整体供求依然处于一个供不应求的阶段，因此广告容易引爆一个供不应求的市场。

2. 由于各行各业处于产业化初期阶段，使得各行业里具有统领全国市场能力的品牌商非常少，拥有全国知名度的品牌商也非常少，因此在“前信息爆炸时代”，出现一个就能记住一个。

3. 由于传媒手段的限制以及传媒产业化也处于初期，人们接收传媒信息高度依赖于电视、电台和报纸杂志这三类媒介，尤其是电视媒介。

4. 4A 广告公司擅长的是 TVC（电视广告片）创意和平面创意，而电视和报纸杂志恰好是良好的创意载体，它们对 4A 广告业的创意表现能力产生了至关重要的作用，因此在“前互联网时代”聚集了超多的用户。

5. 电视、报纸杂志的广告受众恰巧又是那个时代相对来说比较广泛的“有钱又有闲”的群体，他们在不得不通过电视和报纸杂志关注时政、财经和娱乐节目的同时，又轻易地被通过电视、报纸杂志打广告的商家所触达。

那是一个 4A 广告业“天时地利人和”的时代，“4A 广告人”也因此成为金字招牌，他们出行坐飞机，住宿住五星级酒店，在全国到处做项目，光鲜亮丽的形象甚至直到今天还留在一些人的脑海中。

21 世纪以后，互联网产业开始兴起，但互联网产业化的成熟需要相对漫长的时间来提高渗透率，不管是电商渠道、媒体渠道还是娱乐游戏平台，在 21 世纪初都远没有达到站到整个大众市场话语权顶峰的程度，而在这个过程中，恰巧又是传统行业从稚嫩走向成熟的阶段。于是在 21 世纪初，“4A 广告人”在商业传播中的地位达到了顶峰。

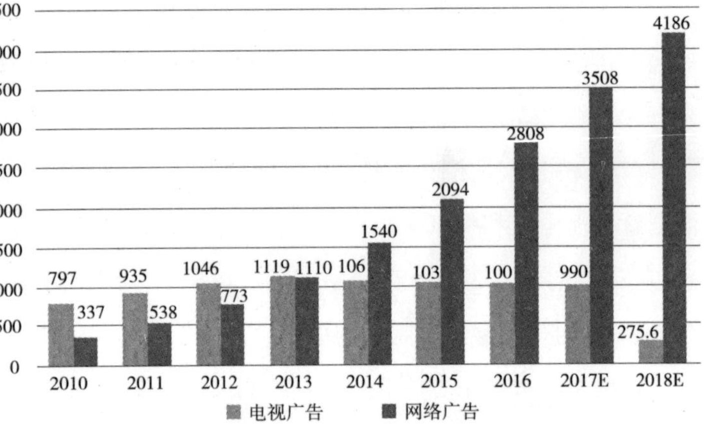

图 4–4　中国广告业电视广告和网络广告收入规模对比（亿元）

数据来源：公开资料，智研咨询整理

媒体权力的变更

如果说以电脑为主要入口的互联网是一场伟大的信息传

播方式的革命，那移动互联网的出现则将这种革命从信息传播的层面直接推向了纵深生产力的飞跃，以及人们生产关系的彻底重组和聚合。在电脑互联网时代，你必须坐在电脑前看电影、玩游戏、买东西，而在移动互联网时代，手机拓宽了互联网的使用场景，你可以在任何时候拿出手机看电影、玩游戏、买东西，因其便利性，互联网也成为人类情绪、灵感等碎片意识的延伸载体。总之，人类从此彻底实现“生活在网上”。

互联网，尤其是移动互联网产业化的快速发展，彻底改变了传媒方式和媒体话语权。传统广告业是一个割裂杂乱的产业结构，在这个产业中，参与者有以下几方：

1. 媒介平台。如央视、各地卫视及其下属的地方频道，分众传媒，地铁、高铁、飞机和公交传媒，报纸杂志等，都是广告播出的媒介平台。

2.4A 广告公司，虽然每一家都侧重强调其整合行销的能力，但因其自身不具有媒介资源，一般还是比较侧重活动的主题、TVC 和平面的文案、视觉创意。

3. 媒介代理公司。媒介平台之间对广告主广告投放的争夺相当激烈，但从成本和收益的角度来看，很多不够核心的媒介资源或在广告主不够集中的地区，往往需要媒介代理公司来帮助其延伸市场能力。

4. 活动公关公司。大一些的、有媒体资源的公关公司可以做媒介代理，创意能力强的可以做创意代理，有的还可以做线上线下的活动创意和执行，我们在这里说的主要是指线下活动执行的那类公关公司。

5. 物料制作公司。如印刷广告单页，做门牌牌匾、条幅、横幅、灯箱和名片等，如果有技术实力或资金实力，还可做更重、更大的广告或活动物料。

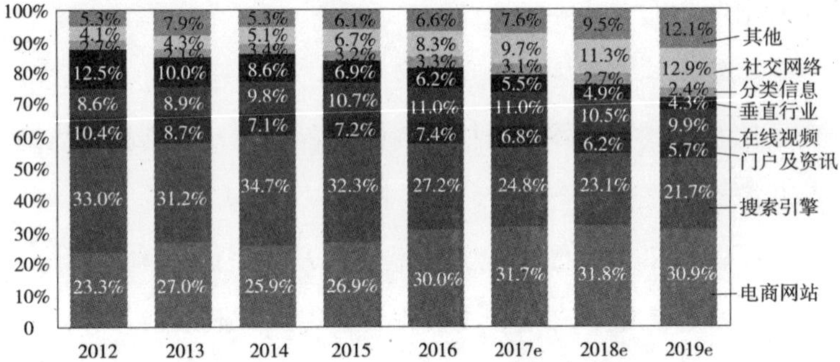

图 4–5　2012—2019 年中国不同形式网络媒体市场份额及预测

数据来源：根据企业公开财报、行业访谈及艾瑞预测统计模型估算

注：1. 网络广告市场规模按照媒体收入作为统计依据，不包括渠道代理商收入；2. 此处搜索引擎收入包括关键词、展示广告收入与导航广告收入，不含网站合并搜索引擎企业的其他广告收入；3. 在线视频广告包含门户网站的视频业务，社交网络广告包含门户网站的社区业务；4. 门户及资讯广告不包含门户网站的非门户业务广告收入，包含综合资讯类 App 等；5. 其他包括导航网站、部分垂直搜索、客户端、地方网站、游戏植入式广告等。

如果实际操作起来，广告产业内部会有更垂直划分的垂直公司，但大的方向和领域可以这样大致划分。那么，发现什么问题没有？是不是互联网平台竟然同时把这五类公司的生意全抢了？虽然传统广告业依然有其不可替代的价值，不可能全部被抢光，但是有相当大的一部分价值已经都被互联网公司抢了。

比如阿里巴巴、京东的电商平台，自己本身就是广告平台。再有，视频网站抢了电视台的生意，而且因为年青一代从小的媒体使用习惯就是互联网，而不是看电视和报纸杂志，所以整个媒体的流量已经完成了从传统媒体到互联网媒体的迁移。

由于电商行业的兴起，使得大量传统零售的广告推广方式失效。受众非常广的电视综艺节目，冠名赞助的广告费非常贵，不是一般中小快销和零售企业能够承担的，而价格便宜的传统媒体推广平台，又难以达到爆炸性的传播效果，转化率成为另一个问题，因此电商平台承载了巨大的零售广告职能。

电商平台最大的特点就是销售节奏和活动节奏非常快，一个平台一天可以做几十个大大小小的活动，即使是“双11”“618”这种大型促销活动，内部也分了几十个分会场，而这种即时性非常高、需要经常改动的广告形态，很难外包给广告公司制作，所以阿里巴巴、京东这类互联网公司里的营销策划人员和设计师的数量远超过任何一家广告公司，这也就抢了 4A 广告公司相当一部分创意生意。

传统媒介代理公司的职能就是销售，创意能力非常有限，但是，互联网广告涉及后台操作投放和前端的关键词优化，在投放的技术门槛上要比传统媒介高一些，并且随着互联网平台型公司的变现欲望越来越强烈，建立直营的销售团队已经成了大平台的标配，比如“今日头条”已经开始建立自己的互联网广告直销团队。在电脑时代成为流量大户的百度早已在全国建立了多家直销分公司，这也就抢了相当多传统媒介代理商的生意，而随着互联网流量进一步向头部平台聚集，变现能力进一步加强，直销的趋势正在蔓延。

活动公关公司和物料制作公司的一部分生意，也同样是因为流量的线上化，导致活动线上化、新媒体化，营销策划和运营、物料的制作也线上化了。

需要说明的是，趋势不代表现状，价值降低不代表没有价值，更不代表会消失，这两者是完全不同的概念。但也不得不承认，目前流量确实是在不可逆地线上化。随着越来越年轻的一代人成为消费主力，他们是移动互联网的忠实拥护者，电视、广播、报纸、杂志这些纯传媒类平台的流量确实看不到逆转的可能性。

4A 广告业的问题

广告是一个以内容的创意为荣的行业，但随着媒体权力的变迁，广告人正在失去他们创意主张的话语权。在以前，投在报纸、电视上的广告有多少人看过，并被吸引到店里买东西，我们不得而知。虽然报纸有发行量做基数，电视台有收视率做行业标准，但从严格意义上来讲，广告主花费金钱所投放的广告，没有得到更详细的数据反馈。

到了互联网时代，所有的运营都是数据化的，不管是内容运营、用户运营、电商的货品和活动运营，还是广告的投放和运营，哪个词吸引了更多人点击，从哪个网站跳转过来的用户转化率更高，流失率高是创意问题还是页面产品体验问题，这些都是有数据的。

由于数据化运营的优势，互联网广告平台给了广告主们多种广告形态的选择——纯展示的品牌广告；既可以展示，又可以有卖场或网页承接的效果广告；既可以按展示收费，也可以按点击收费……对于广告主来说，互联网广告多样化的选择比大多数传统媒体所能提供的只具有单纯的品牌展示功能的广告更值得信赖。当广告的运营在互联网端口实现了完全数据化运营后，纯粹的创意力量就变得单薄了很多。你不能再像过去一样，用自己的思维逻辑说服广告主，让他承认你的创意很棒，因为广告业之间的竞争，本质就是对广告主广告预算的争夺，你需要提供让广告主更相信的数据。

4A 广告业的另一个问题就是没有构筑起安全的行业壁垒，既没有重资产壁垒，也没有流量壁垒。你从阿里巴巴离职，想要再造一家阿里巴巴是很难的，因为你的技术力量、人才力量及流量规模都无法再做一个一模一样的商业模式，只能通过差异化寻找新的用户痛点和商业模式，由此推动整个行业的进步。但 4A 广告业并没有这样的壁垒，只要你有客户，有几个熟练的美术文案，再加上几个客服，就可以成立一家广告公司。而当你和老东家或者其他更大、更知名的广告公司竞争时，想要获胜的方法也很简单，除了尽量把服务做好以外，最重要的是降价。

当一个行业里的核心创业模式是用更低的价钱来吸引客户的时候，这个行业的商业模式不仅相当落后，而且每一个人其实都在一点点地侵蚀这个行业的价值。从长远的眼光来看，这个行业的价值会慢慢流失。

珠宝行业的面子和里子

珠宝是一种古老的商品，在金属货币时代，它具有相当程度的财富保值和储蓄功能。但到了20世纪70年代，美元和黄金脱钩，各国货币已经在事实上脱离了和贵金属价值的直接关联，成为依靠国家信用和国家强制力背书的货币符号。在这种情况下，珠宝、贵金属的商品属性更加纯粹，又因其流动性较弱，对大众消费者来说，除非进行大宗投资，否则已经失去了相当意义的投资属性——珠宝成为奢侈品和承载文化意义的首饰、装饰品，这就是我们今天所说的珠宝行业。

不重视品牌建设和价格战

“珠宝”是一个高大上的名词，因为它似乎总是和“土豪”“奢侈品”“有钱人”“高利润率”联系在一起。其实，珠宝有贵的，也有便宜的，材质本身就昂贵的珠宝也确实更容易成为身份的象征和奢侈品品牌的素材。不过归根结底，一个品牌是不是奢侈品，品牌定位本身更加重要，同样材质的一款钻戒，卡地亚可能卖 50 万元，普通珠宝品牌可能只卖 5 万元，而制作这枚钻戒的珠宝材质成本可能只有 3 万元。所以，只有那些本身材质就非常昂贵和品牌定位于奢侈品的珠宝才算是奢侈品。

在钻石行业曾流传一句话："三个月卖一个，卖一个吃三个月。"真假不得而知，但也透露出两个重要的行业信息：一是毛利率高，卖一个就可以吃三个月；二是消费者的购买行为超低频，可能三个月才能卖出去一个，而这些都曾是珠宝行业的真实写照。

在以前，珠宝行业开线下实体店是需要铺货的，一个店铺动辄需要铺几十万甚至上百万的货，而且想要有品牌号召力，就需要开几个店铺，这是小品牌商难以承受的。随着电商的普及，越来越多不具有品牌溢价能力的小珠宝品牌获得了成本更低廉的销售渠道，而且它们也有了参与竞争的利器——价格战。

在珠宝行业里，真假有两种：一种是材质本身的真假和是否足量；另一种是材质是真的，但是款式、设计没有版权，是模仿的大牌设计。这里要说的"价格战"是在材质保真的前提下。在电商渠道上销售的那些小珠宝品牌，为了卖出更多的货，采用了“便宜”的方法，也确实吸引到了一部分想买贵重珠宝却对价格比较敏感的客户，可以说它们为这个行业创造了新的价值，对昂贵珠宝的普及做了贡献。

但是，这就出现一个问题，因为无论怎样降价，对材质本身就比较昂贵的珠宝来说，不可能卖价比成本价还低，这就导致其客户群还是非常有限的。而且，买了便宜珠宝的结果是不会再买其他昂贵的品牌，因为大部分便宜珠宝都是一些过了设计专利期的经典畅销通货，甚至是私下找小厂商定制模仿的大品牌的热门款式。

所以，从珠宝行业原来的行业价格来看，买电商渠道小珠宝品牌的这些人是达不到原有的消费能力的，是小厂商通过降价而不是提升品牌价值和整个行业的生产力价值来扩充的客群，这使得整个行业的价值都降低。而这些客户显然不是有品牌忠诚度的客户，小厂家抢走了大厂家一部分生意，赚了些快钱，但也没有获得自己的忠实客户群，因为来买他们商品的客户，并不是对品牌和品质有多高的追求，而是便宜。

对于珠宝这种超低频消费的行业来说，价格战并不能促进行业整体的盘子做大，只能让你多卖两枚钻戒，而这是用低价抢过来的，对整个行业来说却是长远价值的流失。所以，国外的做法是提升品牌价值，构建行业壁垒，比如品牌奢侈品化，赋予品牌更多的身份内涵，提升产品的附加值。

一个分散和滞涨的行业

我们先来看几项数据：

1.2016 年我国国内生产总值达到 744127 亿元人民币，同比上年增长 6.7%。

2.2016 年中国社会消费品零售总额 332316 亿元人民币，同比上年增长 10.4%。

3.2016 年中国互联网产品交易零售总额为 51555.71 亿元人民币，同比上年增长 26.2%。

那么，2016 年中国的黄金珠宝首饰交易零售总额是多少呢？5250 亿元人民币，同比上年增长 0.96%，这意味着整个珠宝行业的交易总额增速连中国 GDP 基本面的增速都赶不上，如果把通胀率算上，0.96% 的行业增长意味着这个行业其实是萎缩的。

上面讲了珠宝行业的电商化和价格战的玩法，其实还没有说完。当一个行业不是以生产力的提升和品牌的建设来构建行业壁垒，而是以价格战的方式来争夺市场，而且这个市场几乎没有增速，是一个存量市场，并不是一个增量市场，那只会让这个行业的价值慢慢流失，导致整个行业的盘子越做越小，这个行业里所有的公司和从业者最终都会自食苦果。

整个行业大盘的超低速增长，意味着这个行业完全进入了存量市场争夺，这对整个行业的组织状况和人才流入状况打击都很大。一个增长率很低的行业，意味着外来资本会降低，因为缺乏好的投资机会和增长率，同时也意味着整个行业的组织状况会“老人化”，因为拿到的投资少了，出去创业的人就少了，行业里的老人自然留下来沉淀在这个行业里，新人上升的通道减少，收入增速也会变慢。由于行业增速慢，就开不起高工资，对新型人才的吸引力就会大幅降低，这就导致人才的横向和纵向流动非常缓慢，组织会快速地体制化和僵化，这对于一个行业的长远发展才是致命的。

同行的企业间有竞争，其实每个行业间也在竞争——人才的竞争、投资的竞争、政策的竞争。现在是一个产业融合的时代，企业的竞争对手绝不仅仅是本行业内的对手，那只是存量盘，更重要的是一个行业整体要有对人才和资本的吸引力，这个行业才能吸纳更多的社会资源和商业资源，最终把整个行业的盘子越做越大。很显然，珠宝行业缺乏这种思维高度的整合者。

珠宝行业存在的另一个问题是行业集中度非常低，市场较为分散。好处是创业门槛低，有利于新的创业者进入；坏处是行业市场长期的分散将导致投资回报率低下，缺乏对强力资本整合者的吸引力，行业整体运营效率在未来很难得到提升，长此以往，相对于其他更能提升运营效率的行业来说，珠宝行业就会发展滞后。

无差别化营销之伤

roseonly 是一家高端玫瑰和珠宝品牌，2013 年它提出了“一生只爱一人”的品牌主张，即采用注册后收礼人终身不得更改的品牌控制措施，来让接受礼物的人获得这种具有稀缺感的专属情感。

深圳市还有一家钻戒品牌叫 Darry Ring（DR），它更进一步，提出了“男士一生仅能定制一枚”的品牌主张，这让场景变得更聚焦和垂直，就是“男士送给女士”的，并且品牌方还为这个主张提供了尤为严格的品牌管控措施，如需要用身份证购买，以保证你这个人所购买的 DR 钻戒真的是只送给一个人，还需要签订一份相当具有仪式感的真爱协议，来强化这份“礼物”和感情的专属感。为了更好地控制品牌体验，DR 甚至放弃了珠宝行业常用的加盟销售模式，这从很大程度上来说是抵制了快速铺货、收取加盟费的诱惑，甚至需要自己完全承担铺货资金和渠道费用。DR 这样做的意图很明显，就是想长期经营这个品牌。

有趣的是，2016 年 MLE 超级婚戒也提出了类似的品牌主张，它主张“一生只送一人”，为了这个品牌主张，MLE 同样也配合了购买前激活男士身份证、男士签订真爱证书等品牌举措。和 DR 不同的是，MLE 是开放加盟的，既可以加盟专区，也可以加盟专柜，甚至可以加盟专卖店，在 DR 已经先提出了类似的品牌主张而又专做直营的情况下，作为后来者的 MLE 明智的市场策略显然是开放加盟，让市场上更多的从业者能从“专属爱情钻戒”这个概念上分到一杯羹。而在品牌主张类似的前提下采取这样的加盟策略，对 DR 来说是一个冲击，即使你品牌控制得再好，我用开放加盟的策略，将你的直营、保守、严格的品牌控制策略淹没在加盟的大潮中。

我在这里并不讨论谁抄袭谁，毕竟这类品牌主张不是商标，也不是专利，即使确实有雷同感，法律上的知识产权界定也是个问题，我举这三个例子是想向大家展示一下珠宝行业的竞争和市场策略的套路。看过之后不知道你是否理解了我上两个小节所讲的内容，即使像 DR 一样重视品牌建设和把控，也会遇到相当恶劣的行业竞争环境，这就是珠宝行业的现状。

05

审美就是生产力

空巢青年经济学

孤独的新都市青年

曾有一个女粉丝给我留言，她是重庆人，30 岁，上海知名政法大学研究生，在律师事务所做律师，一个月有 2 万多元的收入，自己有 20 多万元的存款，家里还可以拿出 100 多万元支持她买房置业。按理说这样的条件她应该感到很满足，可是她却告诉我，她觉得遇到真爱很难，即使遇到了，如果男朋友和她的经济条件差不多，她会觉得压力很大，将来会考虑做丁克。

说实话，看到这个粉丝的留言，我还是挺震惊的，很难想象条件如此优秀的人，居然给自己这么大压力，甚至婚后还不敢生孩子，她的不安全感和对未来的焦虑已经到了什么地步啊！

2017年5月，淘宝网根据用户画像，发布了《中国空巢青年图鉴》（表5-1），大数据显示，中国空巢青年超过5800万，其中“90后”占比61%，“80后”占比35%。而这仅仅是淘宝网根据用户画像得出的大数据结论，因此有理由相信这个数字是一个被低估的数字。

表5-1　中国空巢青年图鉴

排名	城市	空巢青年人数	排名	城市	空巢青年人数
1	深圳	307万	19	厦门	56.6万
2	北京	300万	20	福州	54.8万
3	广州	289万	21	重庆	54.4万
4	上海	241万	22	沈阳	54.3万
5	成都	166万	23	南宁	51.2万
6	杭州	163万	24	石家庄	48.9万
7	苏州	145万	25	太原	48.4万
8	东莞	142万	26	贵阳	47.1万
9	郑州	139万	27	南昌	40.8万
10	武汉	127万	28	哈尔滨	39.8万
11	南京	112万	29	兰州	39.6万
12	西安	110万	30	长春	35.9万
13	长沙	80.1万	31	乌鲁木齐	35.6万
14	天津	74.3万	32	呼和浩特	25.1万
15	合肥	72.3万	33	银川	20.5万

续表

排名	城市	空巢青年人数	排名	城市	空巢青年人数
16	昆明	70.7 万	34	海口	11.5 万
17	济南	70.7 万	35	西宁	10.6 万
18	青岛	58.1 万	36	拉萨	5.9 万

数据来源：淘宝网

由此可知，在新都市青年群体中，像我那个粉丝一样由于对未来收入的焦虑，对未来生活水平的不安全感，对爱情的高预期要求，导致不敢结婚、不敢生育，甚至不敢谈恋爱的情况，已经相当普遍，何况大部分年轻人可能还达不到她那种条件。

当然，和那个粉丝经济条件类似的很多人或者还不如她的很多人在一线城市也结婚生子了，所以这种焦虑和个人的观念意识有很大关系。与当代都市青年的经济压力相比，其实我更加关注这一人群的审美意识走向，以及其所带来的社会文化和商业模式上的代际变化，因为这一变化可能深刻影响未来二三十年中国主流的都市文化和商业形态。

在日本，同样有空巢青年现象出现。有数据显示，日本 50 岁仍未结过婚的人，男性占到了 1/4，女性占到了 1/7，因此有了为他们量身定制的《旅行青蛙》游戏。而游戏商的数据显示，自 2017 年 11 月游戏推出以后，全球下载量超过

1000万次，其中竟然有95%的下载量来自中国的玩家。

当我看这款游戏在朋友圈刷屏以后，也去下载了一个，想体验体验。体验结果是我不明白为什么这款低交互性、低可玩性和低故事性的游戏，竟然能在中国风靡并引起刷屏？

看到上面那个女粉丝的留言，我终于想明白了，这只不受玩家控制、独自旅行的青蛙，不正代表了那些自己孤独出行的空巢青年？他们渴望关注另一个人，也渴望被人关注，但现实生活中的亲密人际关系需要大量的维护成本，与其把成本花在一份不受自己控制的感情和人身上，不如过好自己的小日子。而旅行青蛙虽然也不受他们控制，却降低了他们关注和关心另一个人的成本。青蛙不会和他们分手，也不用上大学，不论把青蛙当成男女朋友还是自己的孩子，对它的关注和养护成本都只是时间和心情，而不涉及过多的金钱和情感，即使涉及情感，也是相对单向的弱情感，可控且低廉。

年轻人必然会向拥有更多、更好的工作机会的地方聚集，但聚集的同时，必然会提高整体的生活成本，包括衣食住行各个方面，新都市青年在提高生活质量的同时，自然会提出高收入的要求。但是，收入的增幅对大部分人来说是缓慢的，生活质量却是很难再降低的，于是爱情、婚姻和自己的生活质量一对比，大概率是处于下风的。

由此想到，2017年是中国全面放开二胎政策的第二年，但人口出生率远低于学界预计。不仅出生人口远低于预期，连一胎生育数比上年也大幅下降。这不仅反映出中国年青一代生育欲望疲软，还表明全面放开二胎后，“敢生的继续生，不敢生的一个都不生”的趋势，如图 5-1 所示。

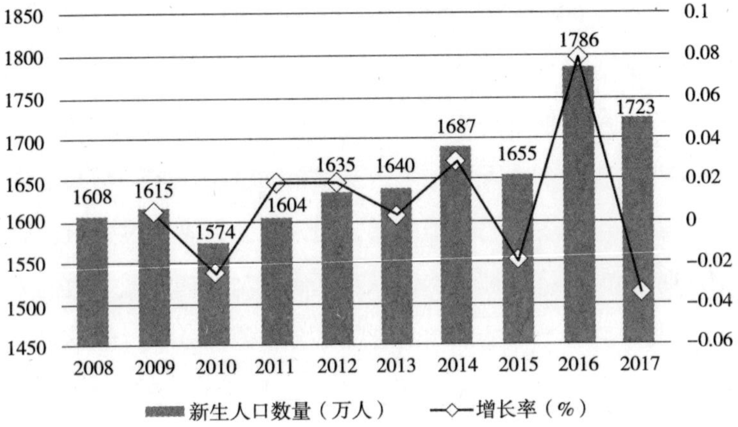

图 5-1　2008—2017 年中国新生人口数量及增速

数据来源：国家统计局，智研咨询整理

新青年的商业和爱情

随着自媒体的发展，贩卖孤独和情绪，贩卖希望，贩卖鸡汤，贩卖解决方案，甚至是贩卖对处于奋斗时期一无所有的年轻人的刻薄讽刺，都已经成了一门生意。自媒体“大

V”和广告商通过对新一代年轻人的洞察，不断输出刺激他们神经的话术，以期引起共鸣甚至引来崇拜，进而变现。

审美就是生产力，从供不应求的工业时代到供过于求的资本、产能大爆炸时代，对审美的洞察，在以面向终端消费者为目的的商业模式中从未如此重要，而且还不只是内容上的输出，还有产品形态上的输出。

空巢青年的生活和社交状态，决定了他们的消费是以单人或人数较少的形式进行的，而互联网的平权化解决了他们相当多的消费场景，单人消费的场景正在逐渐增加。以前去夜店喝酒、跳舞，现在自己在家就可以边喝啤酒边看主播跳舞，省钱、省力还环保。以前需要交钱给婚介所，让婚介人员帮忙找对象，现在自己在家上论坛，用陌陌加人聊天就可能寻找到情感。以前出门旅游只有商务酒店、快捷酒店和小宾馆三个选择，但现在青旅成为他们旅行搭伴的好去处。

在独身生活模式下，很多传统的促销手段虽然依然有效，但其效果正在逐渐减弱，比如零售的囤货思维，尤其是大家庭套装，洗衣粉、卫生纸、洗发液等，一次恨不得买一整箱。但如果是个独身青年，这可能意味着他三年都用不完，而他可能每年都需要搬一次家，收拾起来相当麻烦，因此适合家庭的大包装不适合空巢青年，包装要小巧。

空巢青年就是一群纠结的年轻人，他们孤独、渴望社交，又惧怕浪费过多的金钱和时间成本。他们既渴望情感的纯真，又深知社会的现实。他们渴望别人关注自己，理解自己的审美情趣和精神世界，可当你真的走近他们，他们却又拒人于千里之外。总之，空巢青年既坚强又脆弱，既有个性又千篇一律，既善良又自私，既勇敢又懦弱。然而，终有一天他们会成为都市文化的主流人群，他们会深刻地改变都市商业的逻辑和面貌。

“大龄”结婚的现象在当今社会已经非常普遍，越来越多的人都认为首先要获得体面的工作和高薪，才能考虑恋爱和婚姻，甚至很多人认为在一线城市如果没有房是很难结婚的，而这个门槛其实已经不低了。除了经济方面的门槛以外，现代都市人对情感的质量要求也越来越高，这种自我意识的觉醒，使得越来越多的年轻人不愿意为了结婚而结婚。如果达不到自己的要求，他们宁愿继续等待，甚至不结婚也可以接受。

经济自由的价值上升，爱情和婚姻价值的消解，是将来年轻人的价值排序趋势，年青一代的爱情观将变得更加务实和自利，而这会进一步恶化当代都市青年的空巢现象。并且由于一线城市在经济和文化上的话语权全面领先，势必造成这些观念的扩散和下沉，最终的结果就是空巢现象可能会越来越严重。所以，只有重视空巢心态和空巢经济，才能和未来广大的年轻人群体沟通。

新经济，新财富

新行业，新赛道

从计算机时代、互联网时代到移动互联网时代，再到现在的新零售、人工智能和自动驾驶，“新经济”一直都是一个很热门的词语，学术界、经济学界和产业界都曾根据各自的侧重点对其进行定义。我认为所谓的新经济，就是以信息技术革命作为动力引擎，随着计算平台的不断变化，以及用户对计算平台的交互体验的不断升级，带动了整个电子信息行业从前端到后端的产业变化，并由此改变了所有行业的面貌。只是这种面貌的改变，有程度多少和时间长短的区别。

在新经济发展的过程中，本身就创造了新的需求，也就是创造了新的财富，同时还占据和抢夺了相当一部分传统行业的需求，转移了“旧的财富”。所以，新经济既是一个新财富创造的过程，也是一个旧财富不断转移的过程，而它通过一个个全新的行业和一个个全新的创业公司来实现落地。

10年前全世界市值排在前10位的公司除了微软以外，几乎都是石油能源公司、通信运营商公司和金融投资公司。而10年后的今天，则几乎全部是和互联网有关的公司。

10年前的中国富豪榜前10名中，有5位是房地产行业的老板，两位是凭借当时火热的太阳能概念身价暴涨的老板，没有一人是互联网行业的老板。而到了2017年，富豪榜前10名中出现了马化腾、马云、李彦宏、丁磊4位互联网行业的大佬，其中王卫的顺丰也是凭借电子商务实现业务和估值飞跃的互联网概念快递公司。

“稳定”和未来发展的“空间”，是所有职场人都渴望兼顾的，对安全感、稳定感和未来更大可能性的渴求，也同样构成了一个人的“风险偏好”。在很多风险偏好过低的人眼中，互联网是一个高风险行业，“996”工作时长、35岁失业，再加上媒体时不时报出猝死、创业公司倒闭等新闻，对于非互联网从业者，尤其是在三、四线城市安稳过日子的人来说，互联网行业仿佛是一个“在刀口上过日子”的行业。

然而，事实真是这样吗？作为一个在所有行业里平均收入排在第一位，为全社会创造了巨大价值和财富的行业，互联网行业不仅不是在“刀口上过日子”，反而是一直都充满着巨大的机会，拥有巨大的资本吸引力和人才吸引力的行业。不能否认，互联网的创业风险的确很高，但不论对于投资人、创业者还是从业者来说，机遇其实都是有迹可循的：

1. 真实需求，击中了用户痛点，能够创造全新的用户体验或价值。比如共享单车，不管它目前的商业模式能不能赢利，都是真实需求。至于有些共享单车公司会破产，那只是商业竞争的结果。

2. “大赛道”“明星创业公司”“排名前三”，这些标签直接决定了公司的融资能力，决定了竞争优势和未来的结果。大赛道决定了商业模式的延展空间，如出行、餐饮都是大赛道，卖雨伞就是小赛道。

3. 不管是创业者还是从业者，遇到好的商业模式都要尽早加入，创业者早加入可以形成公司的先发优势，从业者早加入一家公司可以获得更多的股票。

4. 在互联网行业，不管公司股权已经被融掉了多少，创业者必须掌握公司发展的方向和话语权。同时，创业者拥有股票也非常重要，在互联网行业，创业者如果没有股票，不管投资人多财大气粗，创业项目也很难成功。

5. 对从业者来说，进入一家创业公司，能不能拿到股票很重要，能拿到股票对从业者来说是一个巨大的物质激励，也代表着公司制度的开明和对你的能力的认可。

6. 行业处于风口或处于行业的话题热点上，这样未来五年会形成资本风口，再通过 5 到 10 年的技术和商业模式的积累很可能会引爆市场。

“今日头条”是近年来新崛起的一家互联网内容平台，是一家估值 200 亿美元的“小巨头”。创始人张一鸣在和华兴资本创始人包凡的一次对话中，用一句话来评价为什么他能看到别人看不到的机会，为什么他能从竞争激烈、模式众多的互联网领域奇迹般地崛起，他说：“他们太迷恋旧的战场了。”这句话非常深刻，大繁至简，不仅能解释他自己的创业经历，也能解释绝大部分公司的起伏和个人的职场机遇。

我鼓励年轻人勇于进入新的行业和赛道，即使不创业，进入新的明星公司成为从业者，也是一件好事情。进老行业，你是新人；进新行业，你是老人。如果进新的风口行业后还能拿到股票，那就再好不过了，同样的表现和努力，会收获更大的职业空间。

新行业的财富再分配

新行业不仅是新价值和新财富的创造，同时也是财富再分配的过程，这也就解释了为什么杭州的经济总量在中国城市经济总量的排名下降，却因为互联网的发展，在整个中国产业界的地位反而上升了，经济活力和人才吸引力也上升了。

表 5-2　2010 年、2017 年中国大陆城市 GDP 排名前 10 位对比

2010年中国大陆城市GDP排名前10位			2017年中国大陆城市GDP排名前10位		
排名	城市	总量（亿元）	排名	城市	总量（亿元）
1	上海	16872.42	1	上海	30133
2	北京	13777.94	2	北京	28000
3	广州	10604.48	3	深圳	22286
4	深圳	9510.91	4	广州	21500
5	苏州	9277.30	5	重庆	19530
6	天津	9108.83	6	天津	18595
7	重庆	7894.24	7	苏州	17000
8	杭州	5946.77	8	成都	13890
9	无锡	5758.25	9	武汉	13400
10	佛山	5651.52	10	杭州	12556

数据来源：国家统计局，数据由澎湃新闻整理（我们可以看到，从 2010 年到 2017 年，杭州市经济总量在中国大陆城市经济总量的排名从第 8 位下降到第 10 位）。

表 5-3　2018 年春季主要城市平均薪酬排行榜

排名	城市	平均工资（元 / 月）
1	北京	10197
2	上海	9621
3	深圳	9134
4	杭州	8500
5	广州	7965
6	东莞	7723
7	宁波	7680
8	南京	7523
9	佛山	7483
10	苏州	7411

数据来源：智联招聘（我们可以看到，杭州市经济总量只排在中国大陆主要城市第 10 位，但其求职平均薪酬却排到了第 4 位）。

在我看来，新旧产业之间不仅存在融合的机会，更存在真实的产业竞争，存在财富再分配的过程。比如全国各地的证券、银行，各地的大型商场和商超，我们可以看到其中有很多背后的股东是国企和当地的强势民营资本，这种股东结构背后所代表的资源关系，普通人可能一辈子都拿不到。但在新行业里，却是投资人和创业者企图颠覆旧的行业秩序，不仅有可能给你更高的工资，做得好还可能给你股票。

比如最近几年异常火爆的智能汽车概念，能够带给用户“新能源 + 自动驾驶 + 全新的汽车交互体验”。对于这一概念，从长远的眼光来看，我还是非常看好的，目前唯一的问题是技术成熟和市场渗透的时间问题。当然，具体什么时候可以达到技术成熟，什么时候能够获得更高的市场渗透率，目前不好评估。但是，蔚来、车和家、小鹏汽车作为行业内的三个明星创业公司，未来几年应该都不会缺钱，因为融资不是特别大的问题，只剩下是等 5 年还是 10 年才能够收割红利的时间问题。

互联网行业之所以能够在中国迅速发展，就在于它和传统行业相比，拥有更领先的触达方式、交互界面、商业模式和技术驱动能力。而归根结底，一个行业的领先，是资本模式的领先和人才理念的领先，最终，会有越来越多的资本和优秀人才涌入，成为这个行业不断快速发展的原动力，并在和其他行业的价值争夺中取胜。

以资本模式为例，互联网行业风险投资，参与的和获得收益的，都是那些拥有远见卓识、敢于承担风险的新资本。而传统银行业的资本输出，大都是给那些能够拥有土地资产、能够进行抵押贷款或质押股权的人，是资本对拥有既有资源的支持和奖励，而不是对新商业模式的鼓励和支持。

再以人才理念为例，互联网公司大都有股票和期权激励措施，是给予那些敢于最先进入这个公司的优秀人才的激励和奖励。而在传统行业，更多的还是把人才当作一个“打工者”，而不是一个“价值创造者”，虽然也有很多公司在进行股权、期权方面的革新，但不管是力度还是广度，都远远不能和互联网行业相比，这对新人才的竞争是极为不利的。

在我看来，互联网在一家公司内部定义的商业价值上，不应该成为成本中心，而应该成为价值中心，这意味着传统行业里的老板们需要从更顶层的视角去审视互联网对于自身业务的更大可能性。另外，不论是“互联网 +”还是“+ 互联网”，其用户视角的本质都应该是互联网，所以这对于传统行业公司的企业文化又提出了新的要求。

只有符合互联网人才的企业文化土壤，才能真正招聘到和留存住优秀的互联网人才，当一家传统行业公司想要从互联网端口找到优质的客户并把他留存住，那就先考虑一下怎么招聘到优质的互联网人才并将他们留存住吧。

出名要趁早

出名要趁早

我一直认为，其实所谓的努力，就是要有自制力，能够在正确的时间做正确的事。比如在学生时代，如果你没有好的机遇或者天赋，那最好的选择就是踏踏实实地学习，争取考个好大学，给自己一个好的平台。

当然，有的父母决定孤注一掷培养孩子某一方面的技能，争取达到世界级水准，比如丁俊晖的父亲，这种教育方法不能说不好，只不过这是一种相当冒险，但一旦成功便收益巨大的教育方法，而且绝大多数父母并没有这么强烈的培养孩子某个特殊技能的欲望和意志力。所以，作为父母，要衡量自身的能力和对孩子的期望是否匹配，很多能力不仅仅是钱的问题，决心、毅力、资源以及对这个领域的了解程度，都会对结果产生重要影响。

很多事情是没有对错的，即使有对错，可能也需要过很多年才能看出来。但无论如何，有几个维度是必须认真考量的，其中一个就是自己做这件事的决心到底有多大，能付出多大代价，能坚持多久。

我一直认为无论一个人的自身和家庭条件如何，年轻都是他最大的资本，因为他有更多的时间去试错，而且越年轻就有越多的时间去积累和成长，即使个人条件和想做的事情看起来不匹配。比如一个人的家里没人懂音乐，而且家庭条件也很普通，没有接受科班的音乐教育，但如果他 15 岁就意识到自己喜欢音乐，而且开始学吉他，这和他 25 岁才开始意识到自己想学吉他的效果肯定是不一样的，因为早 10 年开始学习，将极大降低试错成本。

所以，不管做什么事情，想好了就立刻行动起来，越年轻越不要等，千万别想着现在还年轻，没钱、没条件，等过几年条件成熟了再做。对很多事情来说，条件并不是金钱，而是年轻，它让你有时间去学，去试错，去充分积累。

我们经常因为没做什么而后悔，后悔买房太晚了，后悔追求自己喜欢的女孩太晚了……我一直认为一个人最幸运的事情，就是能在还年轻的时候知道自己这辈子到底要做什么，即使最后没有成功，但是能够坚持去做自己想做的事情，本身就是一种幸福。

记住，只要一件事本身是有价值的，或者是人生必经阶段的事情，那肯定是越早做越好。因为越早做，你就可以越早享受到这件事情带来的价值，并为以后创造更大的发展空间。

未雨要绸缪

如果你大学刚毕业就幸运地进入一个热门行业，比如互联网，那恭喜你正在跟着时代的脉搏一起进步。如果你能在一家好公司拿到一个平均薪水，那么也恭喜你，因为你只要坚持几年就能够成为城市中产阶级。

但是，如果你的职业生涯仅仅以进入一个好行业或者一个好公司为目标，你就会发现你的职业高度将非常有限，职业生涯也将非常脆弱，因为从表面上来看，虽然你在一个好行业，在一个好公司，拿着一份还不错的薪水，但是你几乎没有任何抗风险能力。当你所在部门的业务跟不上时代的发展时，就可能会被裁撤或合并，部门里的人会面临被裁员的风险。而当部门业绩不达标，或者是你的个人业绩不达标时，也可能面临被裁撤或被裁员的风险。即使没有部门被裁撤、个人被裁员的风险，你的顶头上司也可能突然被换掉，新领导的做事风格和性格人品你能否适应，你是否还能得到新领导的赏识也将被打上问号。

总之，如果你的职场生涯遇到突变，失去了这份工作，而你又很难再找到同样薪资待遇的工作时，你的职业生涯就是脆弱的，而当这种变故发生在你的中年时期，就构成了中年危机。

人到中年，上有老，下有小，一家人都等着用钱，而你的职场竞争力却随着年龄的增长在急速下降，找工作将不再像年轻时那么容易。因为你要求的工资高了，几乎只有管理层岗位才能满足，而管理层岗位的需求并不大，并且还有信任的门槛；如果你要求的工资低了，得到的岗位大多是中下层岗位，你的体力又随着年龄的上升而下降，拼不过年轻人，公司也不会愿意让你入职。

一旦职场发生变故，抗风险能力就显得非常重要。如果一个人能提前发展自己的副业或者为转型提早做好准备，那么即使失去现有的这份工作，也能平稳地过渡。

我认识一个朋友，就属于能够提早为中年转型做准备的人，并且最终顺利转型，焕发了事业第二春。这个朋友以前在某大型民营通信科技公司工作，工作十几年后，他意识到自己不可能在这家公司干到退休，于是跳槽到一家餐饮企业做营销。

从科技行业跳到餐饮行业，在很多人看来并不是一个很好的选择，因为科技行业具有深厚的行业壁垒，而餐饮属于劳动力密集型行业，行业分散度非常高，经营风险大，行业壁垒低。但是，正因为餐饮行业门槛低，行业分散度高，才能够容纳下足够多的品类和品牌，易于创业，自己以后当老板。

表 5–4　深圳餐饮行业老板的科技背景

乐凯撒比萨	老板陈宁，电子科技大学计算机数学专业，曾任深圳某通信公司部门经理和某餐饮连锁公司深圳公司总经理
松哥油焖大虾	老板徐松，曾任华为供应链工程师；联合创始人胡杨，曾在华为和腾讯任职
姚酸菜鱼	老板姚旻汐，西安外国语大学毕业，英国谢菲尔德大学管理学硕士，曾在华为担任中国区总裁助理
好色派沙拉	首席执行官肖国勋，原万科、中航营销 / 运营负责人，宝洁区域市场负责人；首席运营官刘乐，曾任腾讯电商食品类目运营总监

事实上，在深圳有很多家知名餐饮企业就是科技公司的员工跳槽出来创办的，他们拥有良好的名校背景和职业背景，能够更好地理解现在都市年轻人的生活方式和思维习惯，并且对所在行业形成思维方式上的降维打击。当然，创业肯定不易，但至少创业的成果是自己的，也没有人能够炒掉你。

审美就是生产力

该审美的时候还得审美

在生活中，曾经有一些消费者耳熟能详的品牌，已经消散在历史的迷雾中，成为商学院课本的失败案例。还有一些消失不久或正在衰落的品牌，因其品牌依然具有一定的知名度，曾经有过一定规模的忠诚用户，或手中握有一定数量的专利，也就是有一定的利用价值，因此被其他公司买下运营权，企图以此打开市场，这个名单上有黑莓手机、诺基亚手机、夏普手机。

但是很显然，很多公司的产品战略制定者并没有清晰地认识到一个曾经成功的老品牌在当时的优势到底是什么，当试图用这个老品牌打开市场时，到底还有没有优势？比如大陆品牌运营权已经属于中国某公司的黑莓手机，2017 年 8 月 8 日其在北京发布了黑莓 KEYone 型号新品手机，这是一款带有黑莓标志性全键盘的手机，定价 3999 元。

这款手机目前在京东销售页面上有大于 1.7 万的评论，价格已经变成 2999 元，而这个评论数（能反映出总体销量和热度）也是经历过“双 11”、年终大促、“618”等电商大型促销活动后的数量，在手机行业里并不算成功。

我好奇的是这款被品牌运营方寄予厚望的手机，为什么一定要带一个全键盘呢？答案并不难猜，因为产品战略的决策层或许是这样认为的：

1. 这是一个曾经被全球众多消费者喜爱的手机品牌。

2. 物理全键盘（实体键）是其工业设计的标志，甚至已经成为能够和目标用户产生情感纽带的品牌符号。

3. 基于以上两个原因，即使在“全面屏”开始攻占市场的情况下，这款带全键盘的手机依然是值得期待的，甚至有可能成为一个畅销的“异类”。

上面列出的三个原因说明运营方将这款手机定位于一款卖“情怀”的手机，为了这个“情怀”，可以牺牲行业潮流趋势，甚至可以牺牲“好看”。全键盘实体键输入和手机移动邮箱曾经是黑莓的两个特色，提升了手机的输入效率和商务办公效率。从这点上来说，黑莓曾经的成功是因为带来了生产力的提升，而在实体物理键依然是主流的功能机时代，黑莓的全键盘可能不仅不丑，还有一种精致的美感。但乔布斯改变了一切，他的苹果手机不仅证明了功能机是生产力低下的，还证明了功能机已经不符合大众审美。

很显然，黑莓的运营方认为他们的目标客户会为了“全键盘”这一标志而忍受全键盘不太主流的审美，甚至是全键盘带来的生产力低下。黑莓 KEYone 手机在京东的商品详情页上介绍称可以通过长按、短按 26 个字母来定义 52 个快捷键，以省去用户翻找程序的时间。如果是这样，那我宁愿翻找 App 也不愿意记 52 个快捷方式，恐怕绝大部分消费者和我想的一样。

当然，“好看”还是“不好看”，在很大程度上是一种主观认知，但当大部分消费者认为一个东西好看或不好看的时候，这个“好看”或“不好看”就不再是一个人的观点，而是千千万万的消费者的个人观点汇集而成的“审美潮流”，或者说是“市场趋势”，这就不再是一种主观，而成了一种市场客观。“不好看”不是罪，但作为一个大众消费品，“不好看”是无法在市场上收获巨大成功的，因为它不是一个小众的 IP 产品。

审美是大势所趋

2017 年 8 月 8 日，在北京还有一场手机新品发布会，是中国地区的品牌运营权已属于某台资制造业的夏普 S2 手机。比黑莓强的是，夏普团队至少坚定地相信 2017 年下半年的手机潮流是“全面屏”，甚至在发布会前，夏普团队的公关话术便把自己称为“全面屏之父”，“曾推出 28 款全面屏手机”。

但是，在工业设计上，夏普 S2 为了解决“全面屏”的前置摄像头问题，采用的是工艺上更难的异形屏工艺，他们还给这个凸进屏幕的前置摄像头取了个“美人尖”的名字。可惜的是，大众对“美人尖”的热议度并不高。

为了解释、弥补这个设计，夏普团队在他们本就不多的市场和公关预算中，用了大量的篇幅来告诉用户这个设计的工艺难度。很显然，一个预算不够多的品牌信息很容易淹没在商业广告的信息海洋中，更不用说其中的长篇累牍是对这个“美人尖”的解释了。

值得肯定的是，夏普团队至少在“全面屏”这个概念上赌对了，商业的成功不仅仅需要审美，进入市场的时机、资本支持、用户体验、产能、渠道、营销、公关、客服等多方面的因素共同支撑了产品和品牌的成功。因此，对一个商业团队而言，成长应该是一个逐渐补全短板和加强自身优势同时进行的过程。

2017 年 7 月 26 日，魅族发布了旗舰机型魅族 PRO 7，作为一款年中发布的旗舰机型，很多消费者正在观望下半年的新机趋势。而在魅族 PRO 7 发布前后，手机界就已经达成了下半年是“全面屏”概念的共识，各家的公关稿放出的风声也都开始用“全面屏”的概念来引导用户。相当多的资深手机玩家开始知道下半年会出很多“全面屏”新机，而魅族给出的产品却是一个双面屏，也就是手机背板还有个小屏幕可以显示时间和天气。

初次见到这个产品，我首先想到的是功能机时代的掀盖手机——很多上盖外侧有一个小屏幕用来看时间。所以，我看到这个设计后，第一感觉是一个中年人在用自己的智能手机纪念曾经用掀盖手机的岁月。第二个感受就是很多用户有使用手机壳的习惯，他们该怎么用这款手机？即使有专门的手机壳匹配这个机型，但手机壳的背部相当于一块大画板，如果把这块小屏幕露出来，手机壳也就不好看了。第三个感受是如果手机正面只需要碰一下就可以看时间，为什么要特意翻过来看反面的时间呢？而且大多数人唤醒手机看时间时还会顺便看一下有没有新的消息。

所以，魅族 PRO 7 的设计让人存疑，而在运营团队眼中却是最重要的创新，他们会把所有的营销资源、广告资源都放在上面。

如果没有乔布斯那样的旷世才华，没有 iPhone 那样划时代的产品形态，对审美趋势来说，保守的策略是“跟风”。并不是所有新的产品形态都会获得成功，即使是成功的产品形态，也可能因为另一种更高级的产品形态的快速出现而使得产品的产业化无法得以深入，但当全行业都用重金打造一个概念的时候，最好的策略就是“跟风”，因为这相当于所有人都在花广告费、公关费来培育这个产业，在共同引导用户。如果此时你打算另辟蹊径，就要考虑这个创新是不是足够伟大和有创意，否则就会淹没在信息的海洋中。

卖情怀到底可不可行

大众消费品最终都是要卖给消费者的，而消费者的审美喜好是变化无常的。这种变化无常既是一种机遇，意味着落后者如果能够抓住新的审美契机，就可能会扭转市场地位，同时也是一种危机，意味着领先者时时刻刻都处在危机之中。对于那些长期处于供应链位置上，想转型做品牌和 C 端市场的 B 端企业来说，这种对大众消费者审美潮流的研究正是他们所恐惧的。

卖情怀是一个常用的C端品牌销售策略，情怀可以分为很多种，这里只讨论“怀旧”这种情怀。在衣帽、箱包、饮料等行业里，复古、怀旧、经典是常用的噱头，生产力更新较慢，市场的成功高度依赖日积月累的渠道渗透和大手笔的营销推广资源，甚至在白酒等行业，是以“老”为荣的。

但是，电子消费品从来不是一个以“古老”为风尚的行业，生产力的进步推动其产品形态的快速迭代，而无论什么情怀和审美，本质都是依附于产品形态之上的。因此，在电子消费品行业中，有很多曾经盛极一时的审美情趣都早已随着产品形态的变更而成为一代人的记忆，并且不可能再重来一遍。

比如全键盘手机是一个曾经提升了输入效率、提升了生产力的设计，当产品的形态已经进化到不再需要实体全键盘时，就说明大多数相对理性的消费者不再认为全键盘是美的。即使有少部分消费者对这个品牌和产品有深厚的感情，因为怀旧的情怀买了这个产品，而当他们切实地使用这个产品后，情怀得到了满足，就会发现全键盘不仅不美了，甚至还影响了使用体验和降低了生产力，那他们很可能成为反对、抱怨这种设计的人里最积极的，那这个设计就太得不偿失了。

在中庸和个性之间

中庸所代表的东西

在网上流传着很多言论，如果仔细观察，就会发现这些言论大多数是强调如何做人的，关于经商的心得并不多，这从侧面说明人际关系对于事业发展的重要性。

曾有人说过一句玩笑话：“我们在讨论这个人能力行不行，你却说他是个好人。”这句玩笑话影射出职场上一个非常普遍的现象，那就是相当一部分人对于一个人的评价来自此人好不好，或者说“对我好不好”，而不是来自这个人的工作能力。

这是一个很无奈的现实，人人都有自己的立场和私心。你能力过强，没准还会把我顶替掉；你为人太张扬，我就看不惯你；你对别人好，对我不好，对我而言也就没有价值，没准还会和别人联合起来对付我……甚至有的公司的人力资源并不注重能力，无论你和他发生矛盾还是不发生矛盾，他就是不喜欢你，哪怕你能力再强，都可能不录用你。

华为的普通员工录用，不仅要通过业务部门和系统的面试，还需要做一套和性格、价值观有关的测试题。如果测试没通过，哪怕能力再强、背景再好，甚至已经通过前面的两轮面试，也不能被录取。但是，一套测试题是无法准确判断出一个人的性格和价值观的，这完全就是一个行政化的、给应聘者设置障碍的“流程节点”。

华为的企业文化以狼性文化著称，可是老总任正非有时也不得不发出这样的感慨：“我们现在录用一个员工，像选一个内衣模特一样，挑啊挑，可结果不会打仗。我们要的是战士，而不是完美的苍蝇。”他还表示：“下一步人力资源的改革，欢迎懂业务的人员上来，因为人力资源如果不懂业务，就不会识别哪些是优秀干部，也不会判断谁好谁坏，就只会通过增加流程节点来追求完美。”

作为中国的顶级企业家，任正非起码还能直面问题，主动谈及人力资源系统的问题，而更多有类似问题的公司老板，则选择熟视无睹。某些公司不仅有性格、价值观的测试题，甚至还有智力测试题，里面包含各种脑筋急转弯和代数题、几何题，不能通过测试就不能进入面试环节，或者是即使通过了面试，测试没有通过也得不到录取通知，这些都表现出一个公司盲目的自大。

真正有实力、有能力的人，是没时间也不屑于参与这种行政化的测试的，于是这些测试题就成了逆向淘汰，越是没能力的人越会珍惜这个面试机会，越是性格隐忍的人越会认真对待这些题目。这种流程设计，耽误的是用人部门和人力资源自己的工作时间，可能有一个岗位急需用人，但连续招聘了三个人能力都不错，就是测试题通过不了而无法入职，结果就是用人部门只能在招聘要求上放水，以期待有人能够早点通过这套测试题，从而早点入职。

与传统企业相比较，互联网公司在这方面就务实得多，想加入阿里巴巴、腾讯这类互联网巨头公司的人肯定不计其数，但即使在人力资源系统巨大的人才筛选压力下，它们也没有让应聘者去做什么性格、价值观测试题，更不用提可笑的智商测试题。

我之所以说了这么多关于测试题的问题，只是想说明一个道理，中庸不仅代表某种性格，也是一种环境和文化氛围，更是一个体制的行事逻辑。当你的位置达到一定高度之前，你要认清一个现实：最好不要提太多关于现阶段某些制度、政策或方案的弊端，尤其当那件事情是公司某个“大领导”的提议时。

在现实生活中，成功的道路可能比你想象的难度上限还要难，比你想象中所需耐心的上限还需要耐心，你需要忍受和经历非常多的不公平、不满意和不被认可，这是你需要做好心理准备的。

个性所代表的东西

在中庸的文化土壤里，有个性的人一定会受到周围环境的不理解和非议，无论这种个性是好还是坏。区别在于，好的个性，聪敏的人，可以用时间证明自己具有或幽默，或不安于平庸，或具有突破和创新性质的个性，最终获得人们的认可。而坏的个性，既不招周围人的喜欢，还会因自制力差、不符合社会规制、不重视伦理道德等原因丧失人生进阶的机会。

一个人的性格是通过其说话办事的言行举止所表现出来的，但问题在于人本身就有自己的性格和立场，相同的事在不同的人面前，会有完全不同的解读。所以，很多时候，你的个性到底好不好，在很大程度上取决于你的领导是否欣赏你，你的爱人是否欣赏你，你的朋友或者重要的合作伙伴是否喜欢和欣赏你，如果答案是否定的，那可能你就需要改变自己的个性了。